高等职业教育产教融合特色系列教材

智能设备控制基础

主　编　王建军　王晋涛

副主编　赵立可　赵　玮　张永生　张文亮

主　审　易祥云　史文雅

北京理工大学出版社
BEIJING INSTITUTE OF TECHNOLOGY PRESS

内 容 简 介

本教材以培养技能型人才为目的,从应用的角度出发,以典型的智能设备数控机床的开机、冷却、润滑、主轴和刀库的控制电路为案例,讲述智能设备的控制基础知识,包括电气元件认知、电机电路设计、安装、气压传动和 PLC 控制器知识,重点培养装备技术型人才,可以作为机电一体化技术、智能装备控制技术、数控技术等装备制造类专业的专业基础课程的教材。

图书在版编目(CIP)数据

智能设备控制基础 / 王建军,王晋涛主编. -- 北京:
北京理工大学出版社,2025.1(2025.2重印).
ISBN 978-7-5763-4663-3

Ⅰ. TP273

中国国家版本馆 CIP 数据核字第 20252X3E26 号

责任编辑:陈莉华　　文案编辑:李海燕
责任校对:周瑞红　　责任印制:李志强

出版发行 / 北京理工大学出版社有限责任公司
社　　址 / 北京市丰台区四合庄路 6 号
邮　　编 / 100070
电　　话 / (010)68914026(教材售后服务热线)
　　　　　 (010)63726648(课件资源服务热线)
网　　址 / http://www.bitpress.com.cn

版 印 次 / 2025 年 2 月第 1 版第 2 次印刷
印　　刷 / 涿州市京南印刷厂
开　　本 / 787 mm×1092 mm　1/16
印　　张 / 15
字　　数 / 268 千字
定　　价 / 48.00 元

前　言

　　智能设备是指具有感知、分析、推理、决策、控制功能的制造设备，是先进制造技术、信息技术和智能技术的集成和深度融合。为全面贯彻习近平新时代中国特色社会主义思想和党的二十大精神，制造业领域将重点推进高档数控机床与基础制造设备、自动化成套生产线、智能控制系统、精密和智能仪器仪表与试验设备、关键基础零部件、元器件及通用部件，智能专用设备的发展，为更好地选用、操控智能设备，需要掌握电气控制、液压气压传动、控制器原理与编程等智能设备控制相关基础知识。本教材以典型的智能设备数控机床的开机、冷却、润滑、主轴和刀库的控制电路为例，讲述智能设备控制的基础知识，包括电气元件认知、电动机电路设计和安装、气压传动和 PLC 知识，可以作为机电一体化技术、智能设备控制技术、数控技术等设备制造类专业的专业基础课程教材。

　　本教材共 4 个部分，分别为电工基础知识、电动机基本控制回路、气压传动和 PLC 基础。本教材共 18 个项目，其中河北机电职业技术学院王建军、王晋涛担任主编，河北机电职业技术学院赵立可、河北石油职业技术大学赵玮和中钢集团邢台机械轧辊有限公司张永生、张文亮担任副主编，河北机电职业技术学院易祥云、史文雅担任主审。项目 1 由河北机电职业技术学院王建军编写，项目 2~项目 9 由河北机电职业技术学院赵立可编写，项目 10~项目 18 由河北机电职业技术学院王晋涛和河北石油职业技术大学赵玮编写。

　　感谢亚德客（中国）有限公司、正泰集团股份有限公司为本教材提供的部分图例，以及 CADe SIMU 仿真软件的支持。

　　限于编者经验、水平，书中难免有不足之处，恳请专家、读者批评指正。

编　者

目　录

第1部分　电工基础知识

第2部分　电动机基本控制回路

第3部分　气压传动

第4部分　PLC 基础

第1部分

电工基础知识

项目 1　电工常识

项目目标

素质目标

了解用电安全知识，增强用电安全意识。

知识目标

❖ 了解触电、急救、安全用电工具等安全用电常识。

❖ 知道常用电工工具、仪表的作用及使用方法。

技能目标

❖ 能够识读与绘制电气原理图。

❖ 能够使用 CADe SIMU 软件绘制并仿真电路。

1.1　项目引入

某公司承接了电动机控制回路设计的项目，需要完成符合要求的电气原理图设计、硬件接线、电路调试验证等工作。在开始电动机控制回路设计项目前，必须对电工基础知识做一定的了解。

1.2　项目分析

为高效实现项目目标，需要对以下几方面内容做一定的了解。

1）安全用电常识：触电与急救知识。

2）常用电工工具及仪表：验电器、剥线钳、万用表、兆欧表等。

3）绘图与识图知识：电气图符号、绘图识图步骤、绘图软件等。

1.3　相关知识

1.3.1　安全用电常识

安全无小事，安全大于天。作为一名合格的电工，掌握必要的安全用电知识，可以使自己避免触电危险，关键时刻还可以帮助他人、保护财产。

（1）触电与急救

触电，又称电击伤，通常是指人体直接接触电源或高压电经过空气或其他导电介质传递电流通过人体时引起的组织损伤和功能障碍。

1）触电的原因。

人体是导电的，人体与电源、导体形成回路后，就会有电流通过人体。触电电流是造成人体伤害的主要原因。按触电电流大小对人体的影响可将其分为感觉电流、摆脱电流、伤害电流、致死电流，如表1-1所示。总之，触电电流越大，触电时间越长，后果就越严重。

表1-1　触电电流分类

名称	大小	影响
感觉电流	交流 1 mA 或直流 5 mA	接触部位会有轻微的麻痹
摆脱电流	交流电流不超过 16 mA（女子为 10 mA）、直流 50 mA	人体可以自由摆脱，不会对人体造成伤害
伤害电流	电流超过摆脱电流	会对人体造成不同程度的伤害
致死电流	交流电流达到 100 mA，通过时间达到 1 s	足以致人死亡

常见的造成触电的可能情况有以下几种。

①违反安全操作规程。

②作业疏忽。

③缺乏安全用电知识。

④防护用具穿戴不规范。

⑤设备问题。

2）触电的类型。

电工在操作过程中，容易发生单相触电、两相触电和跨步电压触电危险。

①单相触电。

单相触电是指当人体接触地面或其他导体时，身体另一部分接触带电设备或线路中的某一相导体，电流通过人体流经大地形成回路形成的电击。根据电网接地情况将其分为中性点接地系统的单相触电和中性点不接地系统的单相触电两种，如图1-1所示。图1-1（a）的触电电压是220 V的相电压，这种形式的触电发生较多，后果也比较严重；图1-1（b）的触电后果和线路绝缘性能有关。

②两相触电。

人体同时触及两根不同相线或身体两处同时触及任何两相带电体的触电事故，如图1-2所示。两相触电时电流由一根相线经人体流到另一根相线形成回路，此时人体承受的是380 V的线电压，一般比单相触电更具危险性。

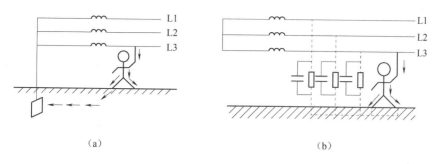

（a）　　　　　　　　　　（b）

图 1-1　单相触电

（a）中性点接地系统的单相触电；（b）中性点不接地系统的单相触电

③跨步电压触电。

跨步电压触电是指在高压输电线路或者大型工业设备附近，因脚底与地面形成电势差而引起的触电事故，如图 1-3 所示。由于电场强度不均匀，电流经过人体时会造成不同程度的损伤，甚至危及生命。

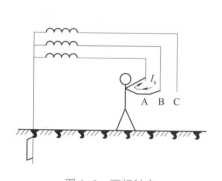

图 1-2　两相触电

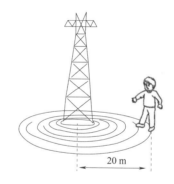

图 1-3　跨步电压触电

为了预防跨步电压触电，一般采用以下措施。

a. 在高压输电线路附近设置隔离区，禁止无关人员进入。

b. 将高压输电线路的带电部分与地面保持一定距离，降低电势差。

c. 在可能存在跨步电压的地方，加装接地线，使接地电势均匀。

当一个人发觉存在跨步电压威胁时，应迅速把双脚并在一起，然后马上用单腿或双腿跳离危险区。

3）触电对人体的伤害程度。

触电对人体的伤害程度除了受电流大小、电流持续时间影响外，还和电压、电流流经人体的途径、电流频率、人体电阻等因素有关，但电流的影响更为突出。根据人体受伤害程度的不同，触电可分为电伤和电击两类。

①电伤。

电伤是指电对人体外部所造成的局部伤害，即电流的热效应、化学效应、机械效应对人体外部组织或器官所造成的伤害，如电灼伤、金属溅伤、电烙印、机械性损伤、皮肤金属化等。触电伤亡事故中，纯电伤性质及带有电伤性质的占比超过70%。对专业电工自身的安全而言，预防电伤具有重要的意义。

②电击。

电击是指电流通过人体，使机体组织受到刺激，肌肉不由自主地发生痉挛性收缩所造成的伤害。严重的电击会使人的心脏、肺部神经系统的正常工能受到破坏，使人产生休克，甚至会造成生命危险。大部分触电死亡事故都是电击造成的。

"安全第一，预防为主"。预防触电、安全用电要做到不接触低压带电体，不靠近高压带电体。

4）急救方法。

在实际生产生活中，触电事故不可能完全避免。及时正确的救治是抢救伤者的关键。

①立即脱离电源。

若出现触电事故，要把触电者接触的那一部分带电设备的所有断路器、隔离开关或其他短路设备断开或使用干燥的木棒等不带电物体使触电者与带电设备脱离。如触电者处于高位，则应采取相应措施，防止该伤员脱离带电设备后自高处坠落造成二次伤害。

施救者切勿在伤员脱离电源前直接接触伤员，以免自身触电。

②电话报警。

若出现触电事故，在对触电者实施救护的同时应及时拨打110报警和拨打120寻求救护。

③紧急准确救护。

在伤员脱离电源后，应立即检查其全身情况，特别是呼吸和心跳。发现呼吸、心跳停止时，不要随意移动伤员，应立即就地抢救。

轻症患者，即神志清醒、呼吸心跳均存在者，让伤员就地平卧，暂时不要站立或走动，防止继发休克或心衰。同时迅速请医生到现场诊治，给予严密观察，做好一切抢救准备。

呼吸心跳停止者，立即对其进行心肺复苏。有条件的尽早在现场使用自动体外除颤器（AED）进行心脏电除颤。

处理电击伤时，应注意有无其他损伤。如触电后弹离电源或自高空跌下，常并发有颅脑外伤、血气胸、内脏破裂、四肢和骨盆骨折等。如有外伤、灼伤，均须同时处理。

触电急救贵在坚持，触电者心跳停止后恢复较慢，只要有一线希望就要尽全力去抢救。

（2）电工安全用具

用于防止电气工作人员在作业中发生人身触电、高处坠落、电弧灼伤等事故，保障工作人员人身安全的各种专用工具和用具，统称为电气安全用具。电气安全用具包括绝缘安全用具和一般防护用具。

1）绝缘安全用具。

绝缘安全用具起绝缘作用，防止工作人员在电气设备上工作或操作时发生直接触电事故。

①绝缘杆。

绝缘杆主要是由绝缘管或绝缘棒制成的含端部配件的绝缘工具，其外观如图1-4所示。绝缘杆可以用于短时间带电作业、带电检修，如接通或断开高压隔离开关。选用时主要考虑电压等级和长度。

②绝缘手套。

绝缘手套采用特种橡胶（或乳胶）制成，其外观如图1-5所示。绝缘手套可以使人的双手与带电体绝缘，且有耐电压等级，需要根据实际情况合理选择，但不能用医疗手套或化工手套代替。

图1-4　绝缘杆　　　　　　　　图1-5　绝缘手套

③绝缘鞋、绝缘靴。

绝缘鞋有高低腰两种，在明显处标有"绝缘"字样和耐压等级，其外观如图1-6（a）所示。

绝缘靴采用特种橡胶制成，作用是使人体与大地绝缘，防止跨步电压触电，其外观如图1-6（b）所示。绝缘靴有耐压等级，需要根据实际情况合理选择，并按规定定期进行试验。

（a）　　　　　　　　　　　（b）

图1-6　绝缘鞋与绝缘靴

（a）绝缘鞋；（b）绝缘靴

2）一般防护用具。

一般防护用具本身不一定是绝缘物，是防护工作人员触电、电弧灼伤、高空坠落的，如临时安全遮栏、标志牌、警告牌、安全帽、安全带等物品。

1.3.2 常用电工工具的使用

常用电工工具一般是指专业电工经常使用的工具。对电气操作人员而言，能否熟悉和掌握电工工具的结构、性能、使用方法和规范操作，将直接影响工作效率、工作质量及自己和他人的人身安全。

常见电工工具有低压验电器、尖嘴钳、斜口钳、剥线钳、电烙铁等。

（1）低压验电器

低压验电器又称试电笔，是检验导线、电器是否带电的一种常用工具，检测范围为 50~500 V，有钢笔式、旋具式和组合式多种。低压验电器由笔尖、降压电阻、氖管、弹簧、笔尾金属体等部分组成，如图 1-7 所示。

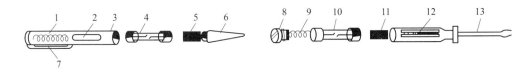

图 1-7　低压验电器组成

1，9—弹簧；2，12—观察孔；3—笔身；4，10—氖管；5，11—电阻；

6—笔尖探头；7—金属笔挂；8—金属螺钉；13—刀体探头

低压验电器的正确握持方法如图 1-8 所示。使用低压验电器的注意事项如下。

1）在使用前，要先在有电的导体上检查低压验电器是否正常发光，检验其可靠性。

2）在明亮的光线下往往不容易看清氖管的辉光，应注意避光。

3）低压验电器的笔尖虽与螺钉旋具形状相同，但它只能承受很小的扭矩，不能像螺钉旋具那样使用，否则会损坏。

4）低压验电器可以用来区分相线和零线，使氖泡发亮的是相线，不亮的是零线。低压验电器也可以用来判别接地故障。如果在三相四线制电路中发生单相接地故障，用低压验电器测试中性线时，氖泡会发亮；在三相三线制线路中，用低压验电器测试三根相线，如果两相很亮，另一相不亮，则这相可能有接地故障。

5）低压验电器可以用来判断电压的高低。氖泡越暗，则表明电压越低；氖泡越亮，则表明电压越高。

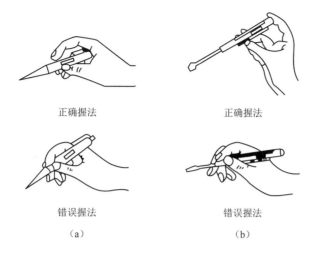

正确握法　　　　　　　　　正确握法

错误握法　　　　　　　　　错误握法

（a）　　　　　　　　　　　（b）

图 1-8　低压验电器的正确握持方法

（a）钢笔式电笔握法；（b）螺丝刀式电笔握法

（2）尖嘴钳

尖嘴钳因其头部尖细而得名，适合在狭小的工作空间操作。尖嘴钳可以用来剪断较细小的导线。可以用来夹持较小的螺钉、螺帽、垫圈、导线等，也可以用来对单股导线整形（如平直、弯曲等）。若使用尖嘴钳带电作业，应检查其绝缘性是否良好，并且，在作业时金属部分不要触及人体或邻近的带电体，尖嘴钳如图 1-9 所示。

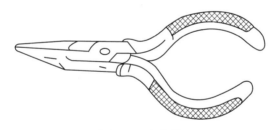

图 1-9　尖嘴钳

（3）斜口钳

斜口钳又称断线钳，钳柄有铁柄、管柄和绝缘柄三种形式。电工用的绝缘柄斜口钳耐压等级为 1 000 V，专用于剪断各种电线电缆，对粗细不同、硬度不同的材料，应选用大小合适的斜口钳。斜口钳如图 1-10 所示。

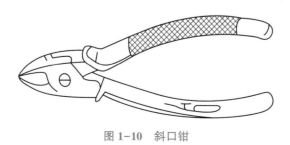

图 1-10　斜口钳

（4）剥线钳

剥线钳是用于剥除小直径导线绝缘层的专用工具，它的手柄是绝缘的，耐压强度为 500 V。剥线钳如图 1-11 所示。使用剥线钳剥除导线绝缘层时，先将要剥除的绝缘长度用标尺定好，然后将导线放入相应的刀口（比导线直径稍大）中，再用手将钳柄一握，导线的绝缘层即被剥离。

（5）电烙铁

电烙铁是用来焊接电器元件的，也可用来焊接导线。电烙铁如图 1-12 所示。

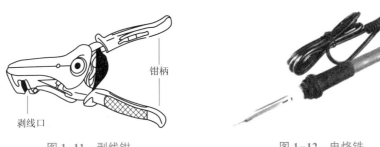

钳柄

剥线口

图 1-11　剥线钳　　　　　　　　　　图 1-12　电烙铁

以下从焊接前的注意事项、焊接要求及电烙铁的使用注意事项三方面进行介绍。

1）焊接前的注意事项。

焊接前一般要把焊头的氧化层除去，并用焊剂进行上锡处理，使焊头的前端经常保留一层薄锡，以防止氧化、减少能耗，保证导热良好。电烙铁的握法没有统一的要求，以不易疲劳、操作方便为原则，一般有笔握法和拳握法两种。

用电烙铁焊接导线时，必须使用焊料和焊剂。焊料一般为丝状焊锡或纯锡，常见的焊剂有松香、焊膏等。

2）对焊接的基本要求。

焊点必须牢固，锡液必须充分渗透，焊点表面应光滑有泽，以防止出现"虚焊""夹生焊"现象。产生"虚焊"的原因是焊件表面未清除干净或焊剂太少，使得焊锡不能充分流动，造成焊件表面挂锡太少，焊件之间未能充分固定；造成"夹生焊"的原因是电烙铁温度低或焊接时电烙铁停留时间太短，焊锡未能充分熔化。

3）电烙铁的使用注意事项。

①使用前应检查电源线是否良好，有无被烫坏。

②焊接电子类元件（特别是集成块）时，应采用防漏电等安全措施。

③当焊头因氧化而不"吃锡"时，不可硬烧。

④当焊头上锡较多而不便焊接时，不可甩锡，不可敲击。

⑤焊接较小元件时，时间不宜过长，以免因温度过高而损坏元件或绝缘层。

⑥焊接完毕，应拔去电源插头，将电烙铁置于金属支架上，防止烫伤或火灾的发生。

1.3.3　常见电工仪表的使用

常见电工仪表有万用表、兆欧表、钳形电流表等。

（1）万用表

万用表一般以测量电压、电流和电阻为主要目的，是一种多用途的电工仪表，是电工、电子、电器设备生产和维修最常用的工具。常用的万用表有指针式（见图 1-13（a））和数字式（见图 1-13（b））两种。数字式万用表除具有指针表的测试功能外，还可以测量交流电流、电感、电容、晶体管的直流电流放大系数（hFE）值、PN 结的正向压降等。由于数字式万用表的测量结果是由数字显示值直接读取的，其准确度、分辨率和量值溯源的便捷性均优于指针式万用表，其使用更为简便。下面以图 1-13（b）所示的数字式万用表为例来说明其使用方法。

万用表介绍

（a）　　　　　　　　　　（b）

图 1-13　万用表

（a）指针式；（b）数字式

1）电阻的测量。

①表笔的接线。

将红表笔插入 VΩ 孔，黑表笔插入 COM 孔。

②挡位选择。

量程旋钮打到 Ω 量程挡适当位置。量程选小了显示屏上会显示 OL，此时应换用较大的量程；反之，显示屏上会显示一个接近于 0 的数，此时应换用较小的量程。对于大于 1 MΩ 或更大的电阻，要等待几秒后读数才能稳定，这是正常的。

③分别用红黑表笔接到电阻两端的金属部分。

当检测被测线路的阻抗时，要保证移开被测线路中的所有电源，将所有电容放电。被测线路中，如有电源和储能元件，则会影响线路阻抗测试的正确性。

④读出显示屏上显示的数据。

显示屏上显示的数字加上挡位对应的单位就是它的读数。200 挡时单位是

Ω，2～200 k 挡时单位是 kΩ，2～2 000 M 挡时单位是 MΩ。

2）电压的测量。

①表笔的接线。

将红表笔插入 VΩ 孔，黑表笔插入 COM 孔。

②挡位选择。

直流电压测量时将旋钮打到 V–适当位置，交流电压测量时将旋钮打到 V～适当位置。把旋钮打到比估计值大的量程挡。（注意：直流挡是 V–，交流挡是 V～。）

③表笔接电源或电池两端。

保持接触稳定，数值可以直接从显示屏上读取。

④读出显示屏上显示的数据。

若显示为 OL，则表明量程太小，那么就要加大量程后再测量。

若在数值左边出现–，则表明表笔极性与实际电源极性相反，此时红表笔接的是负极。

提示：无论测交流电压还是直流电压，都要注意人身安全，不要随便用手触摸表笔的金属部分。

3）电流的测量。

①断开电源。

②将黑表笔插入 COM 端口，红表笔插入 mA 端口或者 20 A 端口。

③挡位选择。

直流电流测量时将旋钮打到 A–，交流电流测量时将旋钮打到 A～，选择合适的量程。

④将万用表表笔与被测线路串联。

将万用表串联进电路中，保持接触稳定，被测线路中的电流从一端流入红表笔，经万用表从黑表笔流出，再流入被测线路中。

⑤接通电路。

⑥读出 LCD 屏上的数字。

若显示为 OL，那么就要加大量程；若在数值左边出现–，则表明电流从黑表笔流入万用表。

注意：电流测量完毕后应将红笔插回 VΩ 孔，若忘记这一步而直接测电压，万用表或电源会直接报废。

4）使用注意事项。

①测量前，先检查红、黑表笔连接的位置是否正确。红色表笔接到红色接线柱或标有"+"号的插孔内，黑色表笔接到黑色接线柱或标有"–"号的插孔内，注意不能接反，否则测量时有可能导致表头部件损坏。

②在表笔连接被测电路之前，一定要查看所选择的挡位与测量对象是否相

符，误用挡位和量程，不仅得不到测量结果，还会损坏万用表。在此提醒初学者，万用表损坏往往就是上述原因。

③测量时，手指不要触及表笔的金属部分和被测元器件。

④测量中若需要转换量程，必须在表笔离开电路后才能进行，否则，选择开关转动产生的电弧易烧坏选择开关的触点，造成触点接触不良的事故。

⑤在实际测量中，经常要测量多种电气量，每一次测量前要注意，根据每次测量任务把选择开关转换到相应的挡位和量程。

⑥测量完毕，功能开关应置于 OFF 挡。

（2）兆欧表

兆欧表（见图 1-14）又称摇表，它的读数以兆欧为单位，是一种测量电器设备及电路绝缘电阻的仪器。兆欧表可以用来测电动机相与地之间、相与相之间的绝缘电阻，从而判断电动机的绝缘性能。

兆欧表主要由小型手摇发电机、整流元件、限流电阻和表头组成，一般有三个接线柱，分别标有 L（线路）、E（接地）和 G（屏蔽）。L 接在被测物和大地绝缘的导体部分，E 接在被测物的外壳或大地，G 用来屏蔽表面电流，接在被测物的屏蔽上或不需要测量的部分。

图 1-14　兆欧表

兆欧表的使用方法及步骤如下。

1）兆欧表量程选择。

根据所测电压的不同，兆欧表量程有 100 V，250 V，500 V，1 000 V，2 500 V，5 000 V，常用的量程有 500 V，1 000 V，2 500 V 三种。测量前按被测电气设备或线路的电压等级选择兆欧表。在无特殊规定时，测量额定电压在 500 V 及以下的设备或线路的绝缘电阻时，可选用 500 V 或 1 000 V 量程的兆欧表；测量额定电压在 500 V 以上的设备或线路的绝缘电阻时，应选用 1 000~2 500 V 量程范围的兆欧表。

2）兆欧表检测。

兆欧表的引线必须使用无破损、无脏污的绝缘良好的单根多股软线，两根引线不能绞缠在一起，应分开单独连接，以免影响测量结果。兆欧表的引出线不能接错，如接错会使测量值产生误差或无法进行测量。

开路检查：将兆欧表平稳放置，L，E 两接线端开路，摇动兆欧表手柄，使兆欧表达到 120 r/min 的额定转速，这时指针应指在标尺的 ∞ 刻度。

短路检查：将 L 与 E 两接线端短接，顺时针缓慢摇动兆欧表手柄，指针应向数值小的方向滑动，并停留在 0 位置。

3）切断被测设备电源。

使用兆欧表测量时，必须先将电源切断，并对被测设备进行充分放电，绝不能让设备带电进行测量，以保证人身和设备的安全。

4）测量绝缘电阻。

进行一般测量时，将被测绝缘电阻接在 L 和 E 之间；在测量线路绝缘电阻时，将被测端接到 L 接线柱，而 E 接线柱接地。测量时，兆欧表手柄应由慢渐快地摇动，转速达 120 r/min 时保持匀速，表针稳定下来后指示的数值就是所测得的绝缘电阻值。

提示：若发现指针指在 0 位置，说明被测设备有短路现象，不能继续摇动。

（3）钳形电流表

电流表是指用来测量交直流电路中电流的仪表。钳形电流表又称钳表，在测量电流时，通常须将被测电路断开，才能将电流表或互感器的一侧串联到电路中去；而使用钳形电流表测量电流时，可以在不断开电路的情况下进行。图 1-15 为钳形电流表测量交流电流。钳形电流表由电流互感器和电流表组合而成。电流互感器的铁芯在捏紧扳手时可以张开；被测电流通过导线时不必切断电路就可穿过铁芯张开的缺口，在放开扳手后铁芯闭合。

图 1-15　钳形电流表测量交流电流

钳形电流表是一种用于测量正在运行的电气线路电流大小的仪表，用外接表笔和挡位转换开关配合，还具有测量交/直流电压、电阻、电容、通断等功能。

使用钳形电流表测量电流时的注意事项如下。

1）挡位要选择电流挡位。

2）被测载流体的位置应放在钳口中央，以免产生误差。

3）为保证读数准确，应保持钳口干净无损，如有污垢，应用汽油擦洗干净再进行测量。

4）被测电流较小时，可将被测载流体在铁芯上绕几匝后再测量，实际电流数值应为钳形电流表读数除以钳口内载流体根数。

5）钳形电流表不能测量裸导线电流，以防触电和短路。

1.3.4　电气简图符号的认知

用导线将电源、开关（电键）、电器、电流表、电压表等连接起来组成电路，再按照统一的符号将它们表示出来，这样绘制出的图就称为电路图。电路图是用符号表示实物的。电路图采用电路仿真软件进行电路辅助设计、虚拟电路实验（教学使用），可提高工程师工作效率，节约学习时间。

根据国家标准，电路图采用统一的文字符号、图形符号及画法，以便于设计人员的绘制与现场技术人员、维修人员的识读。在电气简图中，代表电动机、各种电器元件的图形符号和文字符号应按照我国已颁布实施的有关国家标准绘制。

本教材电路图中的文字符号、图形符号选自《电气简图用图形符号》（GB/T 4728）。

（1）文字符号

1）基本文字符号。

基本文字符号用于表示电气设备、装置、元件等的基本名称和特性，它可分为单字母符号和双字母符号两种。

①单字母符号。

按英文字母顺序将各种电气设备、装置和元件等划分为 23 类，每类用一个专用单字母符号表示，如 C 表示电容器，Q 表示电力电路的开关元件等。

②双字母符号。

双字母符号由一个表示种类的字母（在前）与另一个字母（在后）组成，如 F 表示保护元件类，FU 表示熔断器，KH 表示热继电器。

2）辅助文字符号。

辅助文字符号用于表示电气设备、装置和元件等的功能、状态和特征，通常由英文单词中的一个或两个字母构成，如 L 表示限制，RD 表示红色等。

辅助文字符号也可以放在表示种类的单字母符号之后与其组成双字母符号，如 SP 表示压力传感器等。

辅助文字符号还可以单独使用，如 ON 表示接通，M 表示中间线，PE 表示保护接地等。

3）特殊用途文字符号。

在电气简图中，一些特殊用途的接线端子、导线等通常采用一些专用的文字符号，这类文字符号称为特殊用途文字符号。

（2）图形符号

图形符号是表示设备或概念的图形、标记等的总称。它通常用于图样或其他文件，是构成电气简图的基本单元。

图形符号一般由符号要素、基本符号、一般符号和限定符号四部分组成。

1）符号要素。符号要素是一种具有确定含义的简单图形，表示元件的轮廓或外表。它必须和其他部分一起构成完整的图形符号。

2）基本符号。基本符号用来说明电路的某些特征，而不代表单独的电器或元件。

3）一般符号。一般符号是表示一类产品或此类产品特征的简单图形。

4）限定符号。限定符号是用来提供附加信息的一种加在其他图形符号上的符号，可以表示电气量的种类、可变性，力和运动的方向，流动方向等。限定符号一般不能单独使用。

（3）部分常用元件的图形符号、文字符号

部分常用元件的图形符号、文字符号如表 1-2 所示。

表 1-2　部分常用元件的图形符号、文字符号

类别	名称	图形符号	文字符号	类别	名称	图形符号	文字符号
开关	单极控制开关		SA	热继电器	热元件		KH
	三极控制开关		QS		常闭触点		KH
	低压断路器		QF	熔断器	熔断器		FU
按钮	常开按钮		SB	接触器	线圈		KM
	常闭按钮		SB		常开主触点		KM
	复合按钮		SB		常开辅助触点		KM
	急停按钮		SB		常闭辅助触点		KM
位置开关	常开触点		SQ	非电量控制的继电器	速度继电器常开触点		KS
	常闭触点		SQ		压力继电器常开触点		KP
时间继电器	通电延时线圈		KT	电动机	三相笼型异步电动机		M
	断电延时线圈		KT	电磁操作器	电磁制动器		YB
	瞬时闭合常开触点		KT	变压器	单相变压器		TC
	瞬时断开常闭触点		KT		三相变压器		TM

类别	名称	图形符号	文字符号	类别	名称	图形符号	文字符号
时间继电器	延时闭合常开触点		KT	灯	信号灯		HL
					照明灯		EL
	延时断开常开触点		KT	电抗器	电抗器		L

（4）绘制电气简图的注意事项

1）符号尺寸大小、线条粗细依国家标准可放大或缩小，但在同一张图样中，同一符号的尺寸应保持一致，各符号之间及符号本身的比例应保持不变。

2）国家标准中表示的符号方位，在不改变符号含义的前提下，可根据图面布置的需要旋转，或成镜像放置，但是文字和指示的方向不得改变。

3）大多数符号都可以附加补充说明标记。

4）对国家标准中没有规定的符号，可选取《电气简图用图形符号》（GB/T 4728）中给定的符号要素、一般符号和限定符号，按其中规定的原则进行组合。

1.3.5　电气原理图的绘制与识读

电气原理图是用来表明电气设备的工作原理及各电气元件的作用、相互之间的关系的一种电路图表示方式。熟练运用电气原理图的方法和技巧，对于分析电气线路、排除电路故障、编写程序是十分有益的。电气原理图一般由主电路、控制电路、保护电路、配电电路等几部分组成。

（1）电气原理图的绘制

1）电气原理图的绘制原则。

①所有电路元件的图形符号，均按未接通电源或没有受外力作用或非激励时的零状态（常态、自然状态）绘制。

继电器和接触器的线圈在非激励状态；断路器和隔离开关在断开位置；带零位的手动控制开关在零位状态，不带零位的手动控制开关在规定起始状态；机械操作开关和按钮在非工作状态或不受力状态；保护类元件在设备正常工作状态等。

②主电路用粗实线绘制，控制电路、辅助电路、信号电路、指示电路及保护电路用细实线绘制。

③水平布置时，电源线垂直画，其他电路水平画，控制电路的耗能元件（如接触器的线圈）画在电路的最右端。

垂直布置时，电源线水平画，其他电路垂直画，控制电路的耗能元件画在电路的最下端。

④采用展开画法。同一电器的各个部件可画在不同的地方，但必须采用相同的文字符号进行标注。同一种类的多个电气元件，可在文字符号后加上数字序号加以区分，如 KM$_1$、KM$_2$、KM$_3$ 等。

⑤触点的绘制。使触点动作的外力方向必须是当图形垂直布置时，垂线左侧的触点为常开触点，垂线右侧的触点为常闭触点；当图形水平布置时，水平线上方的触点为常开触点，水平线下方的触点为常闭触点，即左开右闭，上开下闭。

⑥主电路、控制电路和辅助电路分开绘制。主电路是从电源到电动机的强电流部分，用粗线绘制在原理图左边。控制电路是弱电流部分，一般是由按钮、接触器和继电器线圈、各种电器的触点组成的逻辑电路，用细线画在原理图右边。辅助电路包括信号、照明及保护电路。

⑦控制电路的分支电路原则上按照动作的先后顺序排列，按照自左而右或自上而下表示操作顺序，并尽可能减少线条和避免线条交叉。

⑧存在直接电气联系的交叉导线的连接点（即导线交叉处）要用黑圆点表示。无直接电气联系的交叉导线，交叉处不能画黑圆点。

⑨原理图上应标明：各电源的电压值、极性、频率和相数，某些元件的特性，不常用电器的操作方式和功能。

⑩在原理图的上方将图分成若干图区，并标明该区电路的用途与作用；在继电器、接触器线圈下方有触点表，以说明线圈和触点的从属关系。

2）接线端子的标记。

①电源引入线。

一般三相交流电源引入线用 L$_1$，L$_2$，L$_3$，N 标记，接地线用 PE 标记，直流系统的电源正负极分别用 L+、L−或 "+" "−" 标记。

②电动机。

电动机的三相用 U，V，W 标记。有多台电动机时，电动机 M1 用 U$_1$、V$_1$、W$_1$ 标记；电动机 M2 用 U$_2$、V$_2$、W$_2$ 标记，以此类推。

③主电路。

三相交流电动机所在的主电路用 U，V，W 标记，凡是被元件、触点间隔的接线端子按双下标数字顺序标记，第一个数字表示电动机的编号，第二个数字表示在该电动机回路中的顺序。例如，电动机 M$_1$ 所在的主电路，用 U$_{11}$，V$_{11}$，W$_{11}$，U$_{12}$，V$_{12}$，W$_{12}$ 标记。

④控制电路和辅助电路。

控制电路采用阿拉伯数字编号。标记按 "等电位" 原则进行，在垂直布置的电路中，编号顺序一般为自上而下、自左而右。凡是被线圈、触点等间隔的接线端点，都应标以不同的编号。

"等电位" 点用同一编号。

3）线圈的标记。

在电气原理图中，接触器、继电器的线圈与触点的从属关系应当用附图表示。即在电气原理图中相应线圈的下方，画出触点的图形符号，并在其下面注明相应触点的索引代号，未使用的触点用×表示。有时也可采用省去触点的表示法，图 1-16 所示为接触器和继电器的线圈与触点位置索引。

图 1-16　接触器和继电器的线圈与触点位置索引

（2）电气原理图的识读

1）先机后电。

首先阅读生产机械设备的有关资料，即设备基本结构、运动情况、工艺要求、流程和操作方法等。

总体了解生产机械设备的结构及其运行情况，进而明确生产工艺过程对电气控制的基本要求，为分析电路做好前期准备。

①阅读主电路。

首先应该了解主电路有哪些用电设备（如电动机、电炉等），以及这些设备的用途和工作特点，然后根据生产工艺过程，了解各用电设备之间的相互联系、采用的保护方式等。阅读主电路的具体步骤如下。

a. 认清主电路用电设备。用电设备是指消耗电能的用电器具或电气设备，如电动机、电弧炉、电阻炉等。识图时，首先要分析清楚有几个用电设备以及它们的类别、用途、接线方式及其他特殊要求等。以电动机为例，从类别上讲，其有交流电动机和直流电动机之分；而交流电动机又分异步电动机和同步电动机；异步电动机又分鼠笼式电动机和绕线式电动机等。

b. 分析用电设备的控制电器。控制电气设备的方法有很多，有的直接用开关控制，有的用各种启动器控制，有的用接触器或继电器控制等。

c. 了解主电路中其他元件的作用。通常主电路中除了主用电器和控制电器（如接触器、继电器触点）外，还常用到电源开关、熔断器以及保护电器等。

d. 分析电源。主电路电源是三相 380 V 还是单相 220 V，主电路电源是由母线汇流排供电或配电屏供电（一般为交流电），还是由发电机供电（一般为直流电）。

②分析控制电路。

在完全了解主电路的工作特点后，就可以根据这些特点去分析控制电路。

可根据主电路中各电动机和执行电器的控制要求，逐一找出控制电路中的控制环节，将控制电路"化整为零"，按功能不同划分成若干个局部控制电路来进行分析。如果控制电路较复杂，则可先排除照明、指示等与控制关系不密切的电路，以便集中精力分析控制电路。控制电路一定要分析透彻，分析控制电路的最基本的方法是"查线读图"法。

分析电源。了解控制电路电源的种类，是交流还是直流，电源从什么地方接来，其电压等级为多少。控制电路电源一般从主电路的两条相线引出，其电压为 380 V；也有从主电路的一条相线和中性线上接来的，电压为 220 V；此外，也可以从专用隔离电源变压器接来，这种电源常用电压等级有 127 V，36 V 等。当辅助电路电源为直流电源时，其电压一般为 24 V，12 V，6 V 等。

分析辅助电路对主电路的控制。对复杂的辅助电路，在电路图中，整个辅助电路构成一条大回路。大回路中又分成几条独立的小回路，每条小回路控制一个用电器或一个动作。当某条小回路形成的闭合回路有电流流过时，回路中的电气元件（接触器或继电器）动作，把用电设备（如电动机）接入电源或从电源断开。

研究电气元件之间的相互关系。电路中一切电气元件都不是孤立的，而是互相联系、互相制约的。例如，在电路中，用 A 控制 B，又用 B 去控制 C。这种互相制约的关系有时表现在同一个电路中，有时表现在几个不同的电路中，这就是控制电路中的电气联锁。

③分析照明、信号指示、监测、保护等各辅助电路环节。

2）分回路分析。

①从执行电器（如电动机）着手，了解主电路上有哪些控制电器的触点，根据其组合规律分析控制方式。

②根据主电路的控制电器的主触点文字符号，在控制电路中找到有关的控制环节及环节间的相互联系，将各电动机的控制电路划分成若干个局部电路，每台电动机的控制电路又按启动环节、制动环节、调速环节、正反向运行环节等来分析。

③假设按动了某个操作按钮（应了解各信号元件、控制元件或执行元件的原始状态），核对电路，观察控制元件的触点是如何控制其他电气元件动作的，再观察这些被带动的电气元件的触点又是如何控制执行电器或其他电气元件动作的，并随时注意控制电气元件的触点使执行电器如何运动，进而驱使被控机械设备如何运动，还要注意执行元件带动机械设备运动时，会使哪些信号元件状态发生变化。

3）将各回路汇集成整体。

进行总体检查时，经过按回路分析，初步分析每个局部电路的工作原理以及各部分之间的控制关系。

然后，必须聚零为整、统观全局、总结特点，检查整个控制电路，看是否有遗漏。特别是要从整体角度去进一步核对和理解各控制环节之间的联系，理解电路中每个电气元件的作用，分析各局部电路之间的联锁关系及机、电、液间的配合情况。

在读图过程中，特别要注意控制元件相互间的联锁与自锁关系。

1.3.6　CADe SIMU 软件操作

（1）CADe SIMU 软件基本介绍

CADe SIMU 是一款关于电路绘制和仿真的软件，用户可以使用该软件轻松快速地绘制电气图，然后开始仿真。仿真时，该软件将显示所有电气元件的状态，如开关闭合状态、电流通路状态等。该软件具备丰富的工具栏，拥有电气制图一般所需的元件库，可以基本满足用户的使用需求，是一款优秀的专业化CAD 电气制图软件，其功能全面，操作便捷。

电气绘图的软件有很多，如 CAD，CAXA，EPLAN，但 CADe SIMU 的优势是既有元件库，也可以实现电路图的仿真。

（2）软件使用步骤

CADe SIMU 使用界面简单，包括菜单栏、工具栏、元件库、绘图区等。

1）新建文件。

打开软件后，输入密钥打开程序界面，系统自动新建文件，如图 1-17 所示。如需要再次新建，只需要选择“文件（File）”→“新建（New）”选项即可。

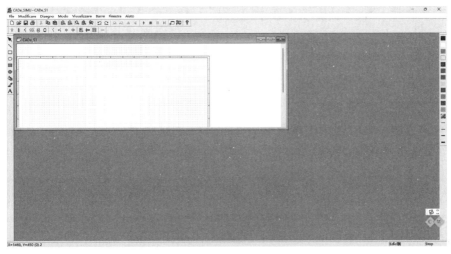

图 1-17　软件打开后的界面

2）设置绘图区。

①图纸大小设置。

选择“文件”→“设置”选项，弹出“设置”对话框，在“格式选项”选项组中可设置幅面方向及大小。

②栅格。

选择"查看"→"窗格"选项，可打开或关闭绘图区栅格。

③放大或缩小操作。

方法一：选择"查看"→"放大＋"或"缩小-"选项实现绘图区放大或缩小操作。

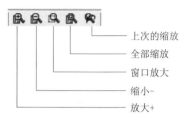

方法二：单击工具栏的对应按钮，可实现绘图区放大或缩放功能，每个按钮功能如图1-18所示。

方法三：按 Ctrl 键的同时，向上滚动鼠标滚轮，可实现绘图区放大操作；按 Ctrl 键的同时，向下滚动鼠标滚轮，可实现绘图区缩小操作。

图1-18 绘图区放大缩小工具栏

3）选择电气元器件。

CADe SIMU 自带元件库，包括常用的电气元器件。元件库有电源、熔断器、开关、接触器触点、电动机、电子元件、各种辅助触点、按钮、电子器件、线圈等，每个元件库下都有对应元器件的工具栏。元件库的位置和各元件库说明如图1-19所示。

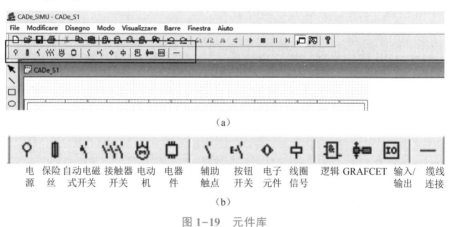

（a）

（b）

图1-19 元件库

（a）元件库位置；（b）各元件库说明

接下来，对几个常用的元件库工具栏进行说明。从左往右第 1 个 ⚲ 符号为电源，对应的工具栏如图1-20所示。

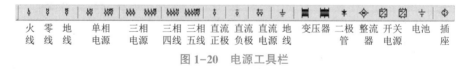

图1-20 电源工具栏

从左往右第 2 个 ▮ 符号为保险丝、低压断路器，对应的工具栏如图1-21所示。

图1-21 保险丝、低压断路器工具栏

从左往右第 3 个 符号为自动电磁式开关，对应的工具栏如图 1-22 所示。

自动开关　　　　　　热继电器　　　　电磁式开关

图 1-22　自动电磁式开关工具栏

从左往右第 4 个 符号为接触器开关，对应的工具栏如图 1-23 所示。

图 1-23　接触器开关工具栏

从左往右第 5 个 符号为电动机，对应的工具栏如图 1-24 所示。

图 1-24　电动机工具栏

从左往右第 7 个 符号为辅助触点、定时触点，对应的工具栏如图 1-25 所示。

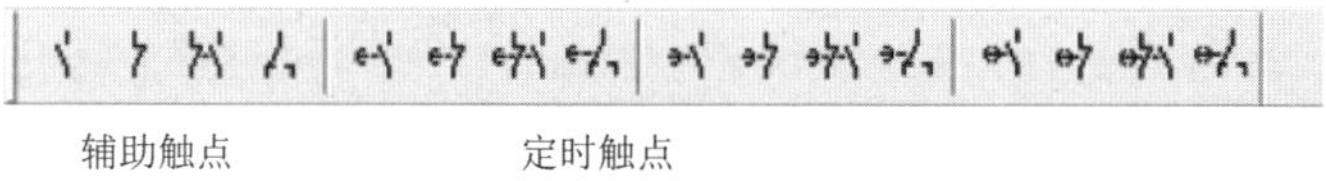

辅助触点　　　　　　定时触点

图 1-25　辅助触点、定时触点工具栏

4）绘图。

①放置元器件。

在需要的元件库上单击，弹出元件库工具栏；在元件库工具栏合适的元件上单击，选择元器件；当鼠标移动到绘图区时，光标变为+，元件红色显示并跟随光标移动；找到合适的放置位置后单击，完成元器件放置；如果需要放置多个，则再次在合适的位置单击即可。右击或按 Esc 键可结束放置。放置后，单击选中元器件并拖动，可再次移动元器件位置。

在元器件被选中的状态下，使用工具栏中的旋转和镜像按钮（见图 1-26），可实现元器件方向的调整；按 Del 键可删除选中的元器件。

图 1-26　旋转和镜像按钮

②元器件参数设置。

双击元器件，弹出"编辑"对话框，可实现对元器件参数的设置。图 1-27 所示为熔断器设置界面，可修改名称，设置名称、功能、连接号是否显示等。

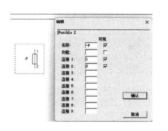

图 1-27　熔断器设置界面

注意：设置元件名称时，同一元件要用同一名称，大小写也要相同。如接触器的主触点命名为 KM，那其对应的线圈和辅助触点均要命名为 KM，表示其在同一个接触器上。

③连接导线。

在"缆线和连接"库下选择合适的导线进行元器件之间导线的连接。连线时注意光标前的小黑点要放在元件的连接点上。

5）保存。

选择"文件"→"保存"或"另存为"选项，弹出"另存为"对话框，如图 1-28 所示。选择并确定保存路径，输入文件名后单击"保存"按钮，即可完成设计电路的保存。

6）仿真。

单击"模拟" ▶ 按钮，开始仿真模拟电路状态；单击"停止" ■ 按钮，结束仿真。

图 1-28　"另存为"对话框

①在仿真状态下单击熔断器，可模拟熔断器断开时的电路状态；再次单击熔断器即可恢复电路。

②在仿真状态下单击热继电器线圈，热继电器线圈及相应的触点会同时发生变化，可模拟热继电器动作时的电路状态；再次单击热继电器线圈即可使热继电器复位。

③在仿真状态下单击"开关类元件"按钮，可模拟按钮开关动作。

注意检查仿真结果和设计电路是否一致，若不一致，可检查元件名称、位置是否正确。

仿真时，须注意观察电路状态与设计电路是否一致。导线灰色显示一般为该段导线未通电；元器件接通电路后会有状态或颜色变化，如按钮闭合后会变为红色，电阻会填充灰色等。

CADe SIMU 软件除可以进行电路仿真外，还可以进行可编程逻辑控制器（PLC）仿真，本章不再赘述。

1.4 项目实施

（1）安全用电常识

观看事故视频，分析触电原因、应采取的急救措施，填写表1-3。

表 1-3 触电事故分析

视频描述	触电原因	应采取措施	体会

（2）电工工具及仪表

查阅资料，总结常用电工工具及仪表的用途和使用方法或注意事项，填写表 1-4。

表 1-4 常用电工工具及仪表总结

电工工具及仪表	名称	用途	使用方法或注意事项
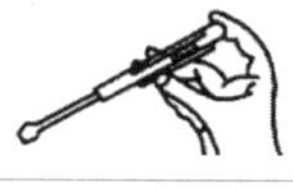			

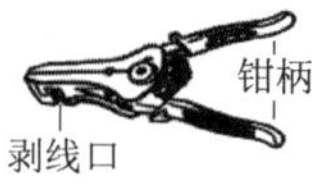 钳柄 剥线口			

电工工具及仪表	名称	用途	使用方法或注意事项

（3）电气图符号

了解电动机控制回路常用电气图符号，填写表 1-5。

表 1-5　电动机控制回路常用电气图符号

名称	符号	名称	符号
低压断路器		常闭按钮	
接触器主触点		常开按钮	
接触器 辅助触点		熔断器	
接触器线圈		热继电器	

（4）绘图与识图

1）总结电气原理图的绘制原则。

2）说明电源、电动机、主电路、控制回路等接线端子的标记方式。

3）总结识图的方法和过程。

（5）CADe SIMU 软件练习

楼梯、卧室、隧道的照明，需要在一端打开，通过之后关闭，如卧室的照明需要在进门时打开在床头关闭，或在床头打开后在门口关闭，这就要求两端都能对灯进行控制，称为两地控制一盏灯。该控制一般用两个双控开关来实现，两地控制一盏灯电路图如图1-29所示。

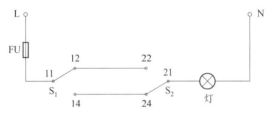

图1-29　两地控制一盏灯电路图

用CADe SIMU进行绘图，完成两地控制一盏灯电路图的绘制及仿真验证。

1）绘制电路图。

①打开软件，系统自动新建名为CADe_S1的文件。

②设置图幅为A4横向。

③放置元器件。

电源库选择火线 ⬚ 选项、零线 ⬚ 选项，分别双击元器件，去掉名称后可视框的√。

保险丝库选择 ⬚ 选项，调整方向后将其放到合适位置，双击元器件，修改名称和可视化设置。

操作机构工具栏选择COM开关 ⬚ 选项，调整元器件方向到合适状态，在绘图区放置两个；分别双击两个元器件，去掉名称后可视框的√。

单击左侧栏的"A"文本功能，输入文本"门口开关"并将其放置在第一个开关下方；同样，输入文本"床头开关"并将其放置在第二个开关下方。

线圈和信号条形图选择 ⬚ （模拟灯的状态）选项，调整元器件方向到合适状态，放置在绘图区合适位置，双击元器件，修改名称为L。

④连接导线。

在连接条形图时选择"三相线"选项，按电路要求，依次连接元器件。

完成的电路图如图1-30所示。

2）仿真验证。

仿真过程模拟生活实际场景，进门用门口开关打开灯，睡觉时用床头开关

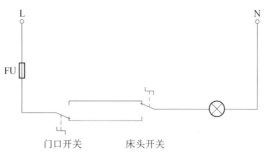

两地控制一盏灯
仿真过程

图 1-30　两地控制一盏灯仿真电路图

关闭灯，起床时用床头开关打开灯，出门时用门口开关关闭灯。各阶段仿真结果如图 1-31 所示。

　　进门前，灯是关着的状态，电路状态如图 1-31（a）所示；单击"门口开关"，模拟用门口开关开灯，电路状态如图 1-31（b）所示；单击"床头开关"，模拟睡觉用床头开关关灯，电路状态如图 1-31（c）所示；再次单击"床头开关"，模拟起床用床头开关开灯，电路状态如图 1-31（d）所示；单击"门口开关"，模拟出门时用门口开关关灯，电路状态如图 1-31（a）所示。

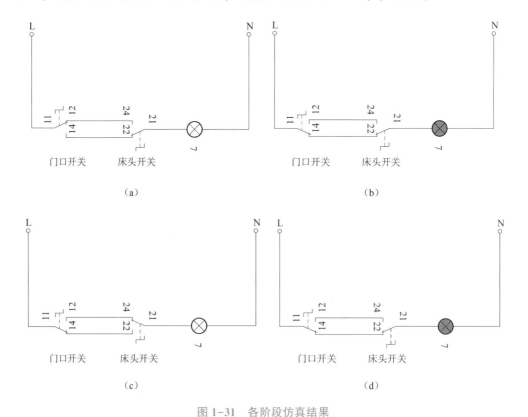

图 1-31　各阶段仿真结果
(a) 门口开关关灯；(b) 门口开关开灯；
(c) 床头开关关灯；(d) 床头开关开灯

1.5 项目评价

请参照表 1-6 完成相应环节的评分。

表 1-6 评分表

项目名称				
班级			姓名	
序号	环节	明细	配分/分	评分/分
1	项目引入 （10分）	能够理解项目要求	5	
		可以积极自主查阅资料	5	
2	安全用电常识 （20分）	能够分析触电的类型	10	
		正确处理触电问题	10	
3	常用电工 工具及仪表 （15分）	能够说出工具仪表名称和用途	5	
		会正确使用工具仪表	10	
4	电气图符号 （15分）	能够画出对应元器件的电气符号	10	
		能够知道电气符号对应的元器件	5	
5	绘图识图 （15分）	知道绘图原则	5	
		知道各接线端子标记方式	10	
6	CADe SIMU 软件应用 （15分）	能够使用软件完成电路图的绘制	10	
		能够使用软件完成电路图仿真	5	
7	职业素养 （10分）	规范用电	5	
		重视仿真、有节能意识	5	
总分/分			100	

思考与练习

一、选择题

1. 万用表的转换开关是实现（   ）的开关。

A. 各种测量及量程转换　　　　　　B. 电流接通

C. 接通被测物实现测量　　　　　　D. 电压接通

2. 兆欧表正常测量时的摇速为（   ）r/min。

A. 120　　　　　B. 90　　　　　C. 200　　　　　D. 10

3. 一般情况下，额定电压在 500 V 以下的设备，应选用（   ）量程的兆欧表。

A. 100 V 或 500 V　　　　　　　　B. 1 000 V 或 2 500 V

C. 500 V 或 2 500 V　　　　　　　　D. 500 V 或 1 000 V

4. 当发现有人触电倒下时，应立即采取的方法是（　　）。

A. 迅速用手拉触电者　　　　　　　B. 迅速用铁棍挑开电线

C. 迅速用竹竿或木棍挑开电线　　　D. 以上都不可以

5. 电流对人体的伤害有（　　）。

A. 电击　　　　　B. 电伤　　　　　C. 灼伤　　　　　D. 中毒

6. 发现触电伤员呼吸心跳停止时，应立即在现场用（　　）就地抢救，以支持呼吸和循环。

A. 紧急救护法　　　B. 人工呼吸法　　　C. 心肺复苏法

7. 接到严重违反电气安全工作规程制度的命令时，应该（　　）执行。

A. 考虑　　　　　　B. 部分　　　　　　C. 拒绝

8. 在一般情况下，人体所能感知的 50 Hz 交流电流可按（　　）mA 考虑。

A. 100　　　　　B. 50　　　　　C. 10　　　　　D. 1. 5

9. （　　）是触电事故中最危险的一种。

A. 电烙印　　　B. 皮肤金属化　　　C. 电灼伤　　　　D. 电击

10. 不是绝缘防护措施的是（　　）。

A. 电线电缆的绝缘层　　　　　　　B. 电线管及管件

C. 工具的绝缘手柄　　　　　　　　D. 家用电器金属外壳接地

二、判断题

1. 使用万用表测量电压，当转换量程开关时，不用将表笔与电路断开。

（　　）

2. 兆欧表是专门用来检查和测量电气设备、供电线路绝缘电阻，判断其绝缘状况好坏的一种可携式仪表。（　　）

3. 摇动兆欧表后，各接线柱之间不能短接，以免损坏设备。（　　）

4. 普通电流表使用时，需要并联到被测电路中。（　　）

5. 钳形电流表可以在不断开电路的情况下进行电流测量。（　　）

6. 发现电气设备冒烟、有火花、有烧焦异味等情况应立即切断电源开关。

（　　）

三、简答题

1. 常用的电工仪表有哪些？

2. CADe SIMU 软件可实现哪些功能？

第2部分

电动机基本控制回路

项目 2　电动机直接启动电路

项目目标

素质目标

❖ 先仿真验证再硬件接线，培养学生节能意识。

❖ 在硬件检测时，须在未接通电源情况下进行，培养学生安全用电的习惯。

知识目标

❖ 掌握三相电、电动机、熔断器、低压断路器在电路中的作用。

❖ 掌握熔断器、低压断路器的结构、工作原理及电气符号。

技能目标

❖ 能够使用兆欧表、万用表等常用电工工具及仪表。

❖ 能够合理选择导线的型号及规格。

2.1　项目引入

XA6132 型卧式万能铣床（见图 2-1）是应用较为广泛的铣床之一。它主要由底座、床身、悬梁、刀杆支架、工作台、溜板和升降台等部分组成。该铣床的运动形式有主运动、进给运动及辅助运动。其中主轴带动铣刀的转动运动为主运动。

主轴电动机需要风扇来散热，当推上闸后，主轴电动机风扇即开始工作。试设计一个控制主轴电动机风扇运转的简单电路，闭合开关后，电动机风扇便运转。

图 2-1　XA6132 型卧式万能铣床

2.2　项目分析

根据项目要求及应用场合，对项目分析如下。

1) 在上电后，电动机持续工作，不频繁启动和停止，故可以采用隔离开关或低压断路器来送电。

2）电动机工作过程中，可能会出现短路、过载等情况，可以在电路中加熔断器对电动机进行保护。

问题引导：

1）熔断器的工作原理是什么？

2）常用的电工工具和电工仪表有哪些？

3）电动机、熔断器、隔离开关在电路中怎么表示？

2.3　相关知识

2.3.1　隔离开关

隔离开关除了可以实现接通、分断功能，其在断开状态还能满足隔离器所规定的隔离要求，实现隔离功能，所以隔离开关兼有开关和隔离器的功能。隔离开关主要用来保证电路中检修部分与带电体之间的隔离，以及用来进行电路的切换工作或关合空载电路。隔离开关的电气符号如表 2-1 所示，以正泰 HK18 系列隔离开关为例进行介绍，其外形如图 2-2 所示。

表 2-1　隔离开关的电气符号

名称	图形符号
隔离开关	

图 2-2　HK18 系列隔离开关外形

（1）隔离开关的型号规格及其含义

隔离开关的型号规格及其含义如图 2-3 所示。

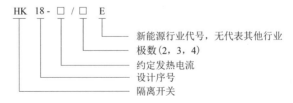

图 2-3　隔离开关的型号规格及其含义

（2）隔离开关的分类

1）按极数可分为2极、3极和4极。

2）按动作方式可分为闸刀式、旋转式、插入式。

3）按所配操作机构可分为手动式、电动式、气动式、液压式。

（3）隔离开关的主要技术参数

隔离开关的主要技术参数有额定电压、极数、使用类别、约定发热电流、额定短时耐受电流、额定短路接通能力、接线螺丝扭矩力等。以额定电压为三相415 V的隔离开关为例进行介绍，其主要技术参数如表2-2所示。

表2-2 隔离开关的主要技术参数

额定电压/V	极数	使用类别	约定发热电流/A	额定短时耐受电流/kA	额定短路接通能力/kA	接线螺丝扭矩力/(N·m)
415	3、4	AC-22A	16	0.96	0.96	2.5
			32			
			63	1.26	1.26	3.5

（4）隔离开关的正常使用、安装、运输和储存条件

1）正常使用条件。

周围空气温度不超过40 ℃且不低于−5 ℃，24 h内平均温度值不超过35 ℃；最高温度为40 ℃时，空气的相对湿度不超过50%，在较低的温度下可以允许有较高的相对湿度，如20 ℃时可达90%；安装地点海拔不超过2 000 m；微观环境污染等级3级。

2）安装条件。

在符合安全警示的各项条件下，隔离开关应安装在无显著摇动、无冲击振动和没有雨雪侵袭的地方，同时安装地点应无爆炸危险的介质，且介质中无足以腐蚀金属和破坏绝缘性的气体和尘埃。

3）运输和储存条件。

下列温度范围适用于运输和储存：一般在−25~55 ℃，短时间（24 h）内可达70 ℃。

（5）隔离开关的使用维护

1）安装前应进行调试，正常工作后方可投入运行。

2）不得直接用铝线接线，应用铜线或铜铝过渡接线端子接线。

3）开关应正确安装，安装前检查铭牌内容，确保开关符合使用要求，确认开关处于断开状态。

（6）隔离开关的维护、保养与储存期注意事项

1）日常注意防潮、防尘、防振动和避免日晒。

2）定期清除外壳表面的尘埃，保持良好的绝缘性。

3）定期（建议每 3 个月）进行转换试验，以确保产品工作正常。

4）在满足储存条件下的储存期限应不超过 18 个月，并在使用前进行调试。

安全警示：

①严禁安装于含有易燃易爆气体、潮湿凝露的环境中。

②严禁用湿手操作产品。产品工作过程中，严禁触摸产品导电部位。

③必须由具备专业资格的人员进行安装、维护、保养，且确保线路断电。

④产品安装周围应保留足够的空间和安全距离。

⑤不要安装在气体介质能腐蚀金属和破坏绝缘性的地方。

⑥产品在安装使用时，必须采用标配导线并配接符合要求的电源与负载。

2.3.2 熔断器

熔断器是电动机控制电路中最简单、最常用的保护电器的元器件，一般由熔断器底座与熔断体配合使用。使用时，熔断器串联接在被保护电器或电路的前面。当电路或电器过载或短路时，过大的电流使熔断体迅速熔断，切断电路，从而起到短路保护的作用。熔断器在电路中的电气符号如表 2-3 所示。

表 2-3 熔断器在电路中的电气符号

名称	文字符号	图形符号
熔断器	FU	⊏▭⊐

（1）熔断器的型号及其含义

以 NRT28 系列为例进行介绍，NRT28 系列熔断器底座可与 RT28-32、RT28-63、RT29-125 型熔断体配合使用，分断范围和使用类别为 gG，即可用于一般用途全范围分断能力的熔断体。熔断器的外形如图 2-4 所示。

熔断器的型号及其含义如图 2-5 所示。

图 2-4 熔断器的外形

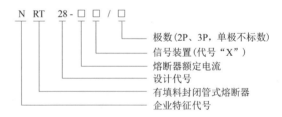

图 2-5 熔断器的型号及其含义

如 RT28-32/3P 表示有填料封闭管式熔断器 3 极底座，熔断器额定电流为 32 A；RT28-32/20A 表示熔断器额定电流为 32 A，熔断体为 20 A。

（2）熔断器的正常工作条件和安装条件

1）环境温度：环境温度不超过 40 ℃，24 h 测得的平均值不超过 35 ℃，一年内测得的平均值低于该值；周围空气温度最低值为-5 ℃。

2）大气条件：空气是干净的，其相对湿度在最高温度为 40 ℃ 时不超过 50%；在较低温度下可以有较高的相对湿度。例如，在 20 ℃ 时，相对湿度可达 90%。对于温度变化发生在产品本体上的凝露情况，必须采取措施。

3）污染等级：3 级。

4）安装类别：Ⅲ类。

5）安装条件：熔断器应安装在无显著摇动和冲击振动的地方。

（3）熔断器的主要参数

熔断器的主要参数如表 2-4 所示。

表 2-4　熔断器的主要参数

型号	熔断器底座额定电流/A	尺码/(mm×mm)	熔断体额定电压/V	熔断体额定电流/A	分断能力/kA
RT28-32	32	10×38	AC 500	2，4，6，10，16，20，25，32	100
RT28-63	63	14×51	AC 500	2，4，6，10，16，20，25，32，40，50，63	100
RT28-125	125	22×58	AC 500	10，16，20，25，32，40，50，63，80，100，125	100

（4）熔断器的选用原则

熔断器的额定电流与熔断体的额定电流不同，所以在选择熔断器时，首先要确定熔断体的规格，然后再根据熔断体去选择熔断器。熔断器的额定电流应大于或等于熔断体的额定电流。

熔断体额定电流的选择因保护对象不同而异，选择方式如下。

1）照明电路和其他非电感设备：应大于电路工作电流。

2）单台电动机：1.5~2.5 倍电动机额定电流。

3）多台电动机：最大一台电动机额定电流的 1.5~2.5 倍加上其余电动机额定电流之和。

4）配电变压器低压侧：配电变压器低压侧输出额定电流的 1~1.2 倍。

2.3.3　导线的选择及连接

导线线缆的三个主要部分是导电线芯、绝缘层及保护层，有的还有填料、屏蔽层、铠装层等，其结构示意如图 2-6 所示。

（1）导线截面积

导线的规格有 0.3 mm²，0.5 mm²，0.75 mm²，1 mm²，1.5 mm²，2.5 mm²，4 mm²，6 mm²，10 mm²，16 mm²，25 mm²，35 mm²，50 mm²，70 mm²，95 mm²，

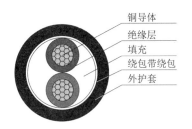

图 2-6　导线线缆结构示意

铜导体
绝缘层
填充
绕包带绕包
外护套

120 mm², 150 mm², 185 mm², 240 mm² 等。导线截面积越大，导线的电阻就越小，可以承受更大的负载电流。截面积是导线选择的重要因素之一，它直接关系电路的电气性能和安全性能。

确定导线缆使用规格时，一般应考虑负载电流、电压等级、环境温度等。一般来说，负载电流越大，导线截面积就应该越大；电压等级越高，导线的截面积就应该越大；在高温环境下，导线的电阻会增加，需要选择更大截面积的导线来保证电路的正常运行。

（2）导线颜色

相线 L、零线 N 和保护零线 PE 应采用不同颜色的导线。世界各国对三相电的导线颜色有各自的标准。我国要求 A 相为黄色，B 相为绿色，C 相为红色，中性线为蓝色，地线为黄绿条纹线。如果不能按规定要求选择导线颜色，可遵照以下要求使用导线。

1）相线可使用黄色、绿色或红色中的任一种颜色，但不允许使用黑色、白色或绿/黄双色的导线。

2）零线可使用黑色导线，没有黑色导线时也可用白色导线。

3）保护零线应该使用绿/黄双色的导线，如无此种颜色的导线，也可用黑色的导线。但这时零线应该使用浅蓝色或白色的导线，以使两者有明显的区别。

（3）导线类型

按线芯所用材料分为铜芯导线和铝芯导线。铜芯电阻率小，导电性能好，机械强度大，价格较高；铝芯电阻率比铜芯稍大，机械强度不如铜芯，但价格低，应用也更广泛。

按电动机控制回路连接时使用的导线分类有塑料硬线、塑料软线等。去掉塑料硬线的绝缘层可以用剥线钳、钢丝钳和电工刀。塑料软线太软，其绝缘层只能用剥线钳或钢丝钳来剥离，不能用电工刀。

（4）导线连接

导线连接是电工基本工艺之一，要求接头牢固、电接触良好，机械强度足够，接头美观，且绝缘性能恢复正常。

2.4 项目实施

2.4.1 绘制电气原理图

根据项目要求及项目分析，使用 CADe SIMU 软件绘制符合控制要求的电气原理图，可参考图 2-7。

2.4.2 电路仿真

提示：务必重视电路仿真验证环节，以避免接线返工，节省时间，节省材料。

按照实际电路动作顺序，使用软件模拟电路动作，各阶段的电路状态如图 2-8 所示。

仿真结果如下。

1）合上隔离开关 QS，可以观察到整个电路导通，电动机顺时针方向旋转，如图 2-8（a）所示。

2）断开隔离开关 QS，电路在隔离开关处断开，电动机停止转动，如图 2-8（b）所示。

3）模拟熔断器断开时，电动机也会停止转动，如图 2-8（c）所示。

仿真结论如下：

电路仿真

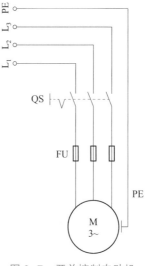

图 2-7 开关控制电动机
运转电气原理图

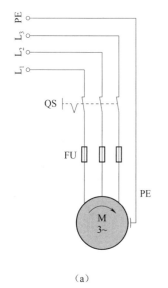

（a）

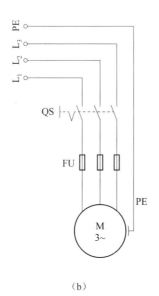

（b）

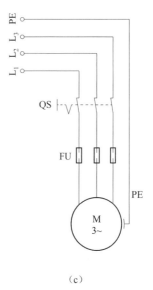

（c）

图 2-8 开关控制电动机运转仿真验证

（a）运转；（b）断开；（c）模拟

在图 2-8 的接线电路中，隔离开关可以实现电动机启停控制，熔断器可以实现电路保护作用。

2.4.3 物料准备

1）根据项目要求及电气原理图，准备所需物料，所需元器件如表 2-5 所示。

表 2-5 物料明细

序号	物料名称	型号	数量	电气符号
1	隔离开关	HD18-32/3	1	QS
2	熔断器	RT28-32X/20	3	FU
3	电动机	Y132M-4	1	M
4	导线	不同颜色	若干	—
5	接线盘	网孔盘	1	—
6	电工工具	通用	1 套	—

2）检测各元器件规格是否符合要求，并检测各元器件功能是否正常，可在表 2-6 中记录检测过程及检测结果。

表 2-6 元器件检测记录表

序号	名称	检测过程	检测结果
1	隔离开关		
2	熔断器		
3	电动机		

2.4.4 硬件接线

根据仿真验证和准备的物料，完成元器件布置、固定及硬件接线，如图 2-9 所示。

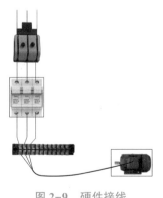

硬件接线

图 2-9 硬件接线

接线过程中遵照从上到下、从左到右的顺序接线，以防漏线。导线接入元器件时要遵照上进下出的原则，以便线路有误时可以快速找到错误。

2.4.5 调试检验

（1）线路检查

注意：此步骤须在接通电源前进行检查。

接好线路后，在接通总电源前，首先进行接线检查，检查内容包括接线是否正确、是否牢固。再对照原理图、接线图，从电源端开始逐段核对，排除错接、漏接错误；用手摇动、拨拉接线端子上的导线，不允许有松脱。最后使用万用表按照线路检查方法（见表2-7）进行检测。

表 2-7　万用表线路检查方法

序号	电路状态	操作方法	正确结果	检测结果
1	断开隔离开关	分别测量从隔离开关进线端到电动机端的每相接线	断开	
2	闭合隔离开关	分别测量从隔离开关进线端到电动机端的每根接线	导通	

经检查，确认元器件安装及接线正确，检查确保周围无杂物、无安全隐患后，方可进行下一步操作。

（2）通电调试

周围明显位置悬挂警示牌，经教师确认无误后，在教师在场的情况下进行通电调试。

调试过程同仿真验证过程一样，调试过程中注意观察各元器件动作状态是否正常，并在表2-8中做好记录。

表 2-8　调试记录表

顺序	操作	相关元器件	元器件对应动作	调试结果
1	闭合隔离开关	隔离开关	隔离开关是否可以正常闭合	
		电动机	电动机是否运转	
		熔断器	熔断器有无损坏	
2	断开隔离开关	隔离开关	隔离开关是否可以正常闭合	
		电动机	电动机是否运转	
		熔断器	熔断器有无损坏	
	最终调试结果			

2.5 项目评价

请参照表 2-9 实施项目，完成相应环节评分。

表 2-9 评分表

项目名称				
班级			姓名	
序号	环节	明细	配分/分	评分/分
1	项目引入 （20分）	能够理解项目要求	5	
		可以积极自主查阅资料	5	
		能够回答引导问题	10	
2	仿真模拟 （30分）	独立完成电气原理图的绘制	10	
		检查接线的正确性	5	
		正确控制各元器件动作顺序，完成电气原理图仿真	10	
		说出各元器件的作用	5	
3	硬件接线 （30分）	正确选用元器件	10	
		独立完成接线	15	
		独立解决接线过程中遇到的各种问题	5	
4	小组展示 （10分）	能够准确表达本组所选用的物料	3	
		能够清楚表达电路的工作过程	5	
		表达语言流畅、思路清晰	2	
5	职业素养 （10分）	能够规范用电	5	
		能够重视仿真，有节能意识	5	
总分/分			100	

思考与练习

一、选择题

1. 在电气图中，电动机用（　　）表示。

A. M　　　　B. FU　　　　C. L　　　　D. G

2. 在电气图中，用 FU 表示（　　）。

A. 电流　　　B. 熔断器　　　C. 电动机　　　D. 电阻

3. （　　）由手柄、触刀、静插座和底板组成。

A. 接触器　　　B. 熔断器　　　C. 刀开关　　　D. 继电器

4. 可以用（　　）判断电动机的绝缘性能。

A. 验电笔　　　　　B. 兆欧表　　　　　C. 万用表　　　　　D. 百分表

5. 接地线必须使用专用的线夹固定在导体上，严禁采用（　　）的方法进行接地或短路。

A. 绑扎　　　　　　B. 缠绕　　　　　　C. 螺栓连接

6. 熔断体的额定电流应（　　）熔断器的额定电流。

A. 小于或等于　　B. 大于或等于　　C. 等于　　　　　　D. 小于

二、判断题

1. 刀开关在作为隔离开关选用时，要求刀开关的额定电流大于或等于线路实际的故障电流。　　　　　　　　　　　　　　　　　　　　　　　（　　）

2. 万用表使用后，转换开关可置于任意位置。　　　　　　　　　（　　）

3. 在电气原理图中，当触点图形垂直放置时，以"左开右闭"原则绘制。
　　　　　　　　　　　　　　　　　　　　　　　　　　　　　　（　　）

三、拓展题

如果想改变电动机旋转方向，可以怎么实现呢?

项目 3 电动机点动控制

项目目标

素质目标

在硬件接线部分，强调操作步骤和安全注意事项，培养学生安全规范意识。

知识目标

❖ 了解主回路和控制回路的各自作用。

❖ 了解主令电器的含义、种类。

❖ 掌握按钮的工作原理、作用、电气符号。

❖ 掌握接触器的工作原理、电气符号及检测方法。

技能目标

❖ 能够读懂项目要求。

❖ 能够在电路图中识别出熔断器、接触器、低压断路器。

❖ 能够在电路中使用熔断器、接触器、低压断路器的电气符号。

❖ 能够使用仿真软件绘制电路图和仿真验证。

❖ 能够独立完成元器件的选型和接线。

3.1 项目引入

数控机床的润滑系统在机床整机中占有十分重要的位置，它不仅具有润滑作用，还具有冷却作用，可以减小机床热变形对加工精度的影响。润滑系统设计、调试和维修保养，对于保证机床加工精度、延长机床使用寿命等都具有十分重要的意义。数控机床的油液润滑一般采用集中润滑系统，即从一个润滑油供给源把一定压力的润滑油，通过各主次油路上的分配器，按所需油量分配到各润滑点。集中润滑系

图 3-1 机床润滑系统的部分结构

统按润滑泵的驱动方式不同，可分为手动供油系统和自动供油系统。图 3-1 所示为机床润滑系统的部分结构。

现需要设计润滑泵的手动供油电路，即按下按钮，润滑泵泵油；松开按钮，润滑泵停止泵油。

3.2 项目分析

本项目是要用按钮来实现润滑泵的手动控制。因为按钮触点允许通过的电流很小，无法直接控制润滑泵，所以需要找到一个元器件，既可以让按钮用"小电流"控制它，又可以允许"大电流"通过，控制润滑泵。此外，考虑润滑泵是手动按钮控制，工作时间不会太长，可以不设置过载保护。

问题引导：

1）交流接触器的结构包括哪几部分？工作原理是什么？

2）交流接触器有哪几类？在电路中怎么连接？

3）按钮有哪几类，各类的工作特点是什么？

4）项目实施过程中，安全问题相当重要，要采取哪些措施来保证安全文明操作？

3.3 相关知识

电动机点动控制实现的功能是按动按钮开关，电动机得电启动运转；松开按钮开关后，电动机失电停止运转。这是电路中最基本的控制电路，广泛应用在各种电路中。

3.3.1 主回路和控制回路

电动机点动控制对应的主回路和控制回路原理如图3-2所示。

电动机点动控制的主回路就是直接给电动机供电的回路，通的是三相电，流经的是"大电流"。其一般包括开关、熔断器、接触器主触点、热继电器、电动机、主回路线缆（黄、绿、红）。

电动机点动控制的控制回路是控制主回路上接触器、热继电器等部件的回路，是对主回路进行监测、控制的，一般包括熔断器、按钮、接触器工作线圈、接触器辅助触点、热继电器触点等。相对于主回路，控制回路又称辅助回路。

3.3.2 断路器

断路器按其使用范围可分为高压断路器与低压断路器，一般将3 kV以上的称为高压断路器，3 kV以下的称为低压断路器。

（1）结构及工作原理

低压断路器又称自动空气开关，用于不频繁接通和分断负荷的电路，实现

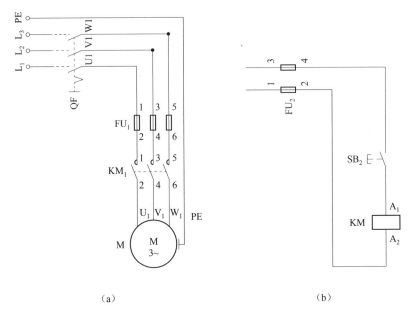

（a）

（b）

图 3-2　电动机点动控制原理

（a）主回路；（b）控制回路

接通和分断正常负荷电流，控制电动机的运行和停止。此外，低压断路器还可以在电路发生过载、短路、欠压、失压等故障时，自动切断故障电路，保护电路和用电设备的安全。低压断路器由触点、灭弧装置、操作机构和保护装置组成，其结构如图 3-3 所示。

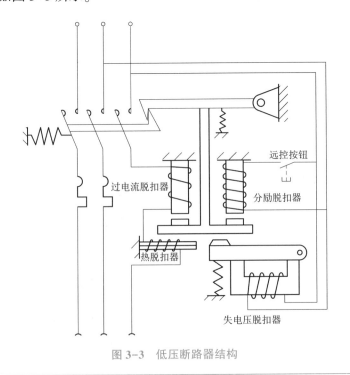

图 3-3　低压断路器结构

低压断路器的主触点是靠操作机构手动或电动合闸的，并由自动脱扣机构将主触点锁在合闸位置上。如果电路发生故障，自动脱扣机构在有关脱扣器的推动下动作，使钩子脱开，于是主触点在弹簧的作用下迅速分断。

过电流脱扣器的线圈和热脱扣器的线圈与主电路串联，失电压脱扣器的线圈与主电路并联。当电路发生短路或严重过载时，过电流脱扣器的衔铁被吸合，使自动脱扣机构动作；当电路过载时，热脱扣器的热元件产生的热量增加，使双金属片向上弯曲，推动自动脱扣机构动作；当电路失压时，失电压脱扣器的衔铁释放，也使自动脱扣机构动作。分励脱扣器则作为远距离分断电路使用，根据操作人员的命令或其他信号使线圈通电，从而使低压断路器跳闸。

（2）分类

断路器分类方式很多，以下简单介绍几种。

1）按结构分类。

按结构分类，断路器有框架式断路器、塑壳式断路器、小型断路器，其外形如图3-4所示。

断路器介绍

（a）　　　　　　　　　（b）　　　　　　　（c）

图 3-4　断路器按结构分类

（a）框架式断路器；（b）塑壳式断路器；（c）小型断路器

框架式断路器又称万能式断路器，如图3-4（a）所示，其所有零件都装在一个绝缘的金属框架内，有较多的结构变化、较多种的脱扣器、较多数量的辅助触点。

塑壳式断路器又称装置式断路器，如图3-4（b）所示，其接地线端子外触点、灭弧室、脱扣器和操作机构等都装在一个塑料外壳内。该类型的断路器结构紧凑、体积小、质量轻、价格低，适合独立安装。

小型断路器如图3-4（c）所示，是建筑电气终端配电装置中使用最广泛的一种终端保护电器。

2）按极数分类。

按极数分类，断路器有单极（1P）、双极（2P）、三极（3P）、四极（4P）等，其外形如图3-5所示。其中，1P只切断火线，通常用于照明灯或用电量小的电气设备；2P 用于一火线一零线的接线，可用于工业照明或 220 V 电动机电源；3P 用于三根火线的接线，有三个进线端，接三根火线，即 380 V 的接线；4P 用于三火线一零线的接线，通常用于带零线的 380 V 电器。

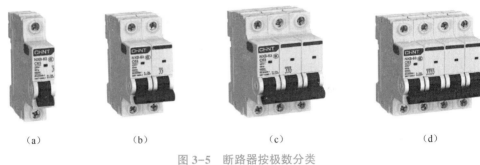

(a)   (b)   (c)   (d)

图 3-5　断路器按极数分类

(a) 单极；(b) 双极；(c) 三极；(d) 四极

3）按安装方式分类。

按安装方式分类，断路器可分为固定式、插入式、抽屉式和嵌入式。

4）按用途分类。

按用途分类，断路器可分为配电低压断路器、电动机保护用低压断路器、灭磁低压断路器和剩余电流动作断路器等几种。

（3）型号含义及电气符号

1）型号含义。

以正泰的 NXB-63 D25 型号断路器为例介绍低压断路器的型号含义，其外形如图 3-6 所示。

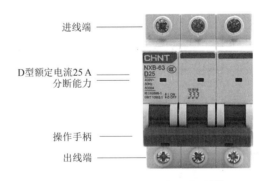

进线端

D 型额定电流25 A
分断能力

操作手柄

出线端

图 3-6　NXB-63 D25 低压断路器

NXB 是产品系列号，63 是断路器的壳架等级额定电流，D25 是指 D 型断路器，额定电流为 25 A。D 型断路器是指断路器的脱扣形式为 D 型。除 D 型外，还有 B 型、C 型，三者的区别是短路瞬时脱扣电流不同，也就是说，使断路器无故意延时自动动作的最小电流值不同。参考《电气附件 家用及类似场所用过电流保护断路器 第 1 部分：用于交流的断路器》（GB/T 10963.1—2020），各脱扣形式断路器对应的瞬时脱扣电流范围如表 3-1 所示。

表 3-1　各脱扣形式断路器的瞬时脱扣电流范围

脱扣形式	脱扣电流范围
B	$>3I_n \sim 5I_n$（含 $5I_n$）
C	$>5I_n \sim 10I_n$（含 $10I_n$）
D	$>10I_n \sim 20I_n$（含 $20I_n$）[①]

注：I_n 是额定电流。

①对特定场合，也可使用至 $50I_n$。

2）电气符号。

低压断路器在电路中的电气符号如表 3-2 所示。

表 3-2　低压断路器在电路中的电气符号

名称	文字符号	图形符号（单极）	图形符号（三极）
低压断路器	QF		

（4）选用及维护

低压断路器选用时须注意以下几点。

1）类型应符合安装条件、保护性能和操作方式的要求。

2）额定工作电压应大于或等于电路或设备的额定工作电压。

3）主电路额定工作电流应大于或等于负载工作电流。

4）额定通断电流应大于或等于电路的最大短路电流。

低压断路器维护须注意以下几点。

1）低压断路器在运行时，应定期检查。

2）低压断路器在分断过载或短路后，应先排除故障，再恢复合闸。

3）频繁通断电路时，应先断开负载，再对低压断路器进行合/分闸操作。

4）低压断路器应根据负载功率大小选择合适的电流规格、脱扣类型、铜导线截面积。

（5）故障分析及排除

故障分析及排除示例如表 3-3 所示。

表 3-3　故障分析及排除示例

故障现象	原因分析	排除方法
手柄不能合闸	负载端是否有短路现象	排除故障
	操作机构出现故障	更换产品
	断路器的额定电流与负载电流不匹配	更换产品规格
接线端子拧不紧	接线螺钉滑丝/卡死	更换产品
	接线扭矩过小	采用合适接线拧紧接线螺钉

续表

故障现象	原因分析	排除方法
短路时未分闸	选用的断路器与负载的工作条件不匹配	更换产品规格
不通电	导线剥头太短	重新剥线
	接线螺钉未压紧导线或出现松动	拧紧接线螺钉
接线端子处外壳发热变色/烧黑	接线端子未拧紧	更换产品及导线并拧紧
	选用的导线截面积过小	更换产品及合适截面积的导线
指示窗口故障	手柄断开时断路器指示窗口显示为红色	更换产品

3.3.3 主令电器

主令电器是指在电气自动控制系统中用来发出指令的电器，其信号指令通过继电器、接触器和其他电器接通和分断被控制电路，以实现远距离控制。其中，按钮、行程开关应用最广泛。

（1）按钮

按钮是一种最常用的主令电器，在控制电路中用于手动发出控制信号，图3-7所示为部分按钮的外形。按钮的工作特点是按下后改变初始状态，松开后恢复初始状态。如常用的启动按钮就是常开按钮，正常状态为断开状态，按下后闭合，松开后断开；停止按钮就是常闭按钮，正常状态为闭合状态，按下后断开，松开后闭合。按钮形式代号含义如表3-4所示。

图3-7 部分按钮的外形

1）型号及其含义。

按钮的型号及其含义如图3-8所示。

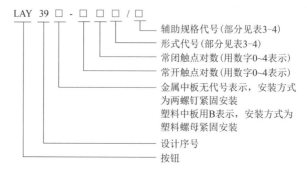

图3-8 按钮的型号及其含义

表 3-4 部分按钮形式代号及辅助规格代号含义

形式代号	含义	辅助规格代号	
BN	自复平钮	1：白。2：黑。3：绿。4：红。5：黄。6：蓝	
BNZS	自锁平钮		
M	自复蘑菇头钮	1：φ40	3：绿。4：红。5：黄
ZS	蘑菇头自锁转动复位钮		4：红
MD	带灯自复蘑菇头钮		3：绿。4：红。5：黄
X	旋钮	21：二位置锁定。31：三位置锁定	2：黑
XB	旋柄钮		L：钥匙左边拔出。M：钥匙中间拔出。R：钥匙右边拔出
Y	钥匙钮		
BND	带灯自复平钮	1：白。3：绿。4：红。5：黄。6：蓝	
BNZSD	带灯自锁平钮		

如规格为 LAY39-20 是有两对常开触点、无常闭触点的按钮，金属中板，安装方式为两螺钉紧固安装。

2）结构与符号。

按钮一般由按钮帽、复位弹簧、桥式动触点、静触点、支柱连杆及外壳等组成，其结构如图 3-9 所示。当按钮被按下时，按钮的动断触点断开、动合触点闭合；松开后，在弹簧力的作用下，其动合触点复位断开、动断触点复位闭合。

图 3-9 按钮结构

按钮的文字符号是 SB，电气符号如表 3-5 所示。

表 3-5 按钮的电气符号

名称	常开按钮	常闭按钮
按钮	SB	SB 11 / 12

（2）行程开关

行程开关又称限位开关，因外部其他运动部件的机械碰撞或按压会改变其电路状态进而实现控制，所以也是一种自动开关。行程开关通常被用来限制机械运动的位置或行程，使运动机械按一定位置或行程自动停止、反向运动等。按结构不同，行程开关可分为直动式、滚轮式等，行程开关外形如图 3-10 所

（a）　　　　　　　　　（b）

图 3-10 行程开关外形

（a）直动式；（b）滚轮式

示，电气符号如表 3-6 所示。

表 3-6　行程开关的电气符号

名称	常开触点	常闭触点	复合触点
行程开关	SQ	SQ	SQ

1）直动式行程开关。

直动式行程开关的动作原理同按钮类似，区别是按钮可以手动操作，直动式行程开关由外部运动部件的碰撞控制。外部运动部件碰撞行程开关的推杆，使其达到一定深度时，会改变行程开关内部触点的连接状态，改变电路；外部运动部件离开行程开关时，触点恢复状态，电路恢复原有的连接状态。

2）滚轮式行程开关。

外部运动部件从某一方向压到行程开关的滚轮上时，会改变执行机构的角度，当角度变化到一定值时，会改变行程开关内部触点的连接状态，改变电路；外部运动部件离开行程开关时，触点恢复状态，电路恢复原有的连接状态。

3.3.4　接触器

接触器是电力拖动与自动控制系统中一种重要的低压电器，是一种自动的电磁开关。它利用电磁力的吸合与反向弹簧力作用使触点闭合和断开，从而实现电路通断，可实现远距离的操作与自动控制。接触器按线圈控制电压的种类分为直流接触器和交流接触器，其线圈控制电压有 24 V，36 V，110 V，220 V，380 V 等。接下来以 CJX2 系列交流接触器（见图 3-11）为例进行介绍。

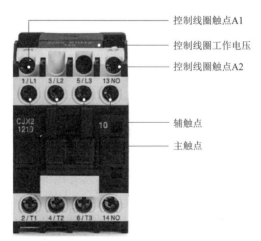

接触器介绍

图 3-11　CJX2 系列交流接触器

（1）型号及其含义

图 3-11 的接触器，从铭牌标识可以看到，其型号为 CJX2-1210，含义如

图 3-12 所示。

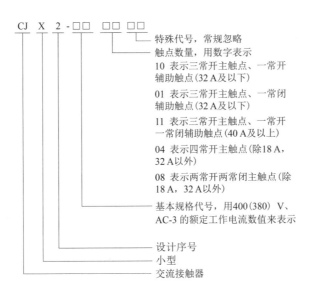

图 3-12　接触器的型号及其含义

此外，也可以采用积木式安装方式加装辅助触点组、热继电器等附件，组合成多种派生产品。

（2）结构及工作原理

交流接触器内部电路原理如图 3-13 所示，线圈套在静铁芯上。在线圈通电后，线圈产生的电流磁化静铁芯，使其产生电磁吸力；电磁吸力足够大时，可以克服动铁芯上复位弹簧的张力，将动铁芯吸合，带动动触点移动，常闭的触点断开，随后常开触点闭合。当线圈断电时，电磁吸力消失，在复位弹簧张力作用下，动铁芯带动动触点恢复原来状态，常开触点断开，随后常闭触点闭合。

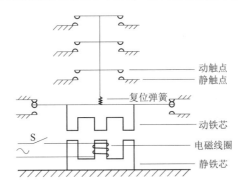

图 3-13　交流接触器内部电路原理

接触器在合适的电压下工作，线圈才会产生足够的吸合力，吸合衔铁进行正常工作。在接触器顶端标有控制线圈工作的额定电压、电源频率，如果接触器标有 220 V、50 Hz，说明该接触器是交流接触器，线圈工作需要的额定工作电压为 220 V，电源频率为 50 Hz。

（3）主要技术参数

以正泰 CJX2 系列接触器为例，介绍其部分型号的主要参数及技术性能指标（见表 3-7）。

表 3-7　接触器的主要参数及技术性能指标

型号			CJX2-09		CJX2-12		CJX2-18		CJX2-25		CJX2-32	
额定工作电流/A	380/400 V	AC-3	9		12		18		25		32	
		AC-4	3.5		5		7.7		8.5		12	
	660/690 V	AC-3	6.6		8.9		12		18		21	
		AC-4	1.5		2		3.8		4.4		7.5	
约定自由空气发热电流/A			20		20		32		40		50	
额定绝缘电压/V			690		690		690		690		690	
可控三相鼠笼式电动机功率（AC-3）/kW	220/230 V		2.2		3		4		5.5		7.5	
	380/400 V		4		5.5		7.5		11		15	
	660/690 V		5.5		7.5		10		15		18.5	
电寿命/万次	AC-3		100		100		100		100		80	
	AC-4		20		20		20		20		20	
机械寿命/万次			1 000		1 000		1 000		1 000		800	
配用熔断器型号			gG20		gG20		gG32		gG40		gG50	
		根	1	2	1	2	1	2	1	2	1	2
冷压端头	非预制端头软线	mm²	1/2.5	1/2.5	1/2.5	1/2.5	1.5/4	1.5/4	1.5/4	1.5/4	2.5/6	2.5/6
	有预制端头软线		1/4	1/2.5	1/4	1/2.5	1.5/6	1.5/4	1.5/10	1.5/6	2.5/10	2.5/6
	非预制端头硬线		1/4	1/4	1/4	1/4	1.5/6	1.5/6	1.5/6	1.5/6	2.5/10	2.5/10
交流线圈功率 50 Hz	吸合/（V·A）		70		70		70		110		110	
	保持/（V·A）		9.0		9.0		9.5		14.0		14.0	
	功率/W		1.8~2.7		1.8~2.7		3~4		3~4		3~4	
动作范围			吸合电压为 85%U_s~110%U_s；释放电压为 20%U_s~75%U_s									
辅助触点基本参数			AC-15：I_e 为 0.95A；U_e 为 380/400 V。DC-13：I_e 为 0.15 A；U_e 为 220/250 V；I_{th} 为 10 A									

（4）接触器检测

接触器上标识 $L_1/L_2/L_3$ 的端子是主触点进线端，标识 $T_1/T_2/T_3$ 的端子是主触点出线端。NO 标识代表的是常开辅助触点接线端，NC 标识代表的是常闭辅助触点接线端。A_1/A_2 标识代表的是工作线圈的接线端子。

使用前，应对接触器进行必要的检测，检测的内容包括线圈状态、主触点状态、辅助触点状态。操作步骤如下。

1）线圈状态检测。

步骤一：将万用表拨至电阻挡。

步骤二：将万用表红黑表笔分别接触 A_1，A_2 接线端子，观察万用表示数。

步骤三：判断，若示数为零，说明线圈短路，线圈已损坏；若示数为无穷大，说明线圈开路，线圈已损坏；若示数为几百欧，说明线圈正常。

2）主触点状态检测。

步骤一：将万用表拨至蜂鸣挡。

步骤二：将万用表红表笔接触 L_1 接线端子，黑表笔依次接触 T_1，T_2，T_3 接线端子，留意万用表提示声及读数。若黑表笔接触 T_1，T_2，T_3 端子时，万用表示数均为无穷大，且当按动交流接触器上端的开关触点按键后，只有当黑表笔接触 T_1 端子时，万用表发出蜂鸣声，说明 L_1 相主触点正常。

步骤三：同步骤二，依次判断 L_2 与 T_2，L_3 与 T_3 这两对主触点的状态。

3）辅助触点状态检测。

以 NO 触点检测为例，NC 触点的通断状态相反。

步骤一：将万用表拨至蜂鸣挡。

步骤二：将万用表红表笔接触 NO 接线端子，黑表笔接触另一个 NO 接线端子。若此时万用表示数均为无穷大，且当按动交流接触器上端的开关触点按键后，万用表发出蜂鸣声，说明该对常开触点状态正常。

以上三项检测均正常时，说明接触器是完好的，否则就需要更换交流接触器。

（5）电路连接

交流接触器的主触点一般接在主回路中，辅助触点和工作线圈接在控制回路中。

其工作原理是在工作线圈得电或失电后，主触点和辅助触点状态变化，使电路产生一定的动态变化，实现控制功能。在工作线圈得电后，常开主触点闭合，接通主电路；辅助触点中常开触点闭合，接通控制电路，常闭触点断开，断开控制电路。当工作线圈失电后，各触点或触点动作相反。

主触点、辅助触点、工作线圈在电路中的电气符号如表 3-8 所示。

表 3-8　交流接触器各部分的电气符号

名称	主触点	线圈	常开辅助触点	常闭辅助触点
交流接触器	KM ⤏1 ⤏3 ⤏5 ⎯ 2　4　6	KM A₁ A₂	KM 1 2	KM 11 12

3.4　项目实施

3.4.1　绘制电气原理图

根据项目要求及项目分析，使用 CADe SIMU 软件绘制符合控制要求的电气原理图，可参考图 3-14。

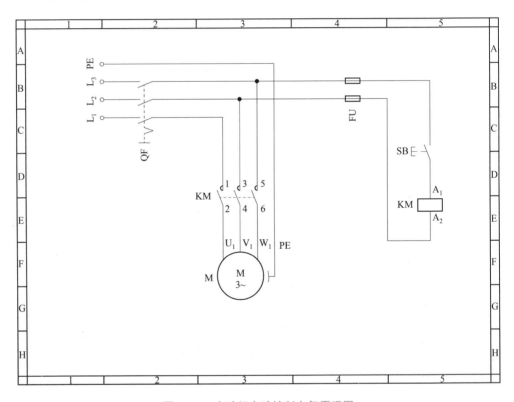

图 3-14　电动机点动控制电气原理图

3.4.2　电路仿真

按照实际电路动作顺序，使用软件模拟电路动作，各阶段的电路状态如图 3-15 所示。

电路仿真

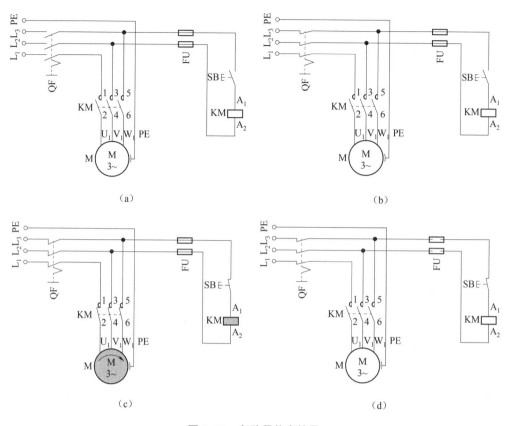

图 3-15　各阶段仿真结果

（a）闭合断路器 QF 前；（b）闭合断路器 QF 后；

（c）闭合断路器 QF，按下按钮 SB；（d）模拟熔断器断开情况

仿真过程如下。

1）闭合断路器 QF 前，断路器 QF 之后的电路都是不通的，电动机不动作。

2）闭合断路器 QF，按下按钮 SB 之前，KM 主触点是断开的，电动机 M 未得电，不动作。

3）闭合断路器 QF，按下按钮 SB 之后，KM 线圈得电，KM 主触点闭合，电动机 M 得电运转。

4）闭合断路器 QF，松开按钮 SB 之后，KM 线圈失电，KM 主触点断开，电动机 M 失电停止转动。

5）闭合断路器 QF，再次按下按钮 SB，电动机可再次运转。

6）模拟熔断器烧断情况，电动机也会停止运转。

结果分析：将交流接触器的主触点串联在主电路，辅助常开触点与按钮串联在控制电路中，可以实现电动机点动控制；熔断器可以实现电路保护作用。

3.4.3　物料准备

1）根据项目要求及电气原理图，准备所需物料，所需元器件如表 3-9 所示。

表 3-9 物料明细

序号	物料名称	型号	数量	电气符号
1	低压断路器	NXB-63 D20	1	QF
2	熔断器	RT28-32X/2	2	FU
3	交流接触器	CJX2S-1810	1	KM
4	按钮	LAY39	1	SB
5	电动机	Y132M-4	1	M
6	接线盘	网孔盘	1	—
7	电工工具	通用	1 套	—
8	导线	颜色有区分	若干	—

2）检测各元器件规格是否符合要求，并检测各元器件功能是否正常，可在表 3-10 中记录检测过程及检测结果。

表 3-10 元器件检测记录表

序号	名称	检测过程	检测结果
1	低压断路器		
2	熔断器		
3	交流接触器		
4	按钮		
5	电动机		

3.4.4 硬件接线

硬件接线

提示：

1）切记要严格遵守安全操作规程，按要求进行操作，确保人身安全。

2）组内成员做好分工，团结协作完成工作。

根据绘制的仿真电路图和准备的物料，完成元器件布置、固定及硬件接线，接线示意如图 3-16 所示。

接线过程中遵照从上到下、从左到右的顺序接线，以防漏接线；导线接入元器件时要遵照上进下出的原则，以便线路有误时可以快速找到错误。

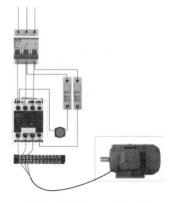

3.4.5 调试检验

（1）线路检查

接好线路后，首先进行接线检查，检查内容包括接线是否正确、是否牢固。

图 3-16 硬件接线示意

对照电气原理图、硬件接线图，从电源端开始逐段核对，排除错接、漏接错误；用手摇动、拨拉接线端子上的导线，不允许有松脱现象。然后使用万用表按照线路检查方法进行检测，检查方法如表 3-11 所示。

表 3-11　万用表线路检查方法

序号	电路状态	检测项目	元器件动作	检查方法	正确结果	检测结果
1	闭合断路器	主回路	按下接触器	分别测量从断路器进线端到电动机进线端的每根接线	导通	
2			松开接触器	分别测量从断路器进线端到电动机进线端的每根接线	断开	
3	断开断路器	主回路	按下接触器	分别测量从断路器进线端到电动机进线端的每根接线的电阻值	电阻值为∞	
4			松开接触器	分别测量从断路器进线端到电动机进线端的每根接线的电阻值	电阻值为∞	
5	接触器和断路器在常态	控制回路	按下按钮	测量两个熔断器的进线端的电阻值	KM 线圈电阻值	
6			松开按钮	测量两个熔断器的进线端的电阻值	电阻值为∞	

经检查，确认元器件安装及接线正确，检查确保周围无杂物、无安全隐患后，方可进行下一步操作。

（2）通电调试

周围明显位置悬挂警示牌，经教师确认无误后，在教师在场的情况下进行通电调试。

调试过程同仿真验证过程一样，调试过程中注意观察各元器件动作状态是否正常，并在表 3-12 中做好记录。

表 3-12　调试记录表

序号	操作	相关元器件	元器件对应动作	调试结果
1	闭合断路器	低压断路器	可以正常闭合	
2	按下按钮	按钮	按钮可正常按下	
		接触器	接触器吸合	
		电动机	电动机运转	

序号	操作	相关元器件	元器件对应动作	调试结果
3	松开按钮	按钮	按钮可正常弹起	
		接触器	接触器断开	
		电动机	电动机停止	
4	断开断路器	低压断路器	可以正常断开	
5	整个过程	熔断器	熔断器不烧毁	
最终调试结果				

注意：调试结束后，务必先断开低压断路器，再离开场地。

3.5 项目评价

请参照表3-13，回顾本次项目实施过程，完成相应环节评分。

表3-13 评分表

项目名称				
班级			姓名	
序号	环节	明细	配分/分	得分/分
1	项目引入 （20分）	能够理解项目要求	5	
		可以积极自主查阅资料	5	
		能够回答引导问题	10	
2	仿真模拟 （30分）	独立完成电气原理图的绘制	10	
		检查接线的正确性	5	
		正确控制各元器件动作顺序，完成电气原理图仿真	10	
		说出各元器件的作用	5	
3	硬件接线 （30分）	正确选用元器件	10	
		独立完成接线	15	
		独立解决接线过程中遇到的各种问题	5	
4	小组展示 （10分）	能够准确表达本组所选用的物料	3	
		能够清楚表达电路的工作过程	5	
		表达语言流畅、思路清晰	2	
5	职业素养 （10分）	能够规范用电	5	
		能够有团队协作意识	5	
总分/分			100	

思考与练习

一、填空题

1. 电动机电路包括_____回路和_____回路，其中_____回路流过的是大电流，按钮一般接入_____回路。

2. 当接触器线圈通电时，接触器_____和_____闭合，_____断开。

3. 接触器的触点分主触点和辅助触点，主触点通常有三对，用于_____，辅助触点又分为常开辅助触点和_____辅助触点，用在控制电路中。

4. 断路器可以在电路发生_____、_____、_____、_____等故障时，自动切断故障电路，保护电路和用电设备的安全。

二、判断题

1. 接触器属于主令电器。 （　　）

2. 断路器的过载脱扣整定电流应大于负载工作电流。 （　　）

3. 按钮具有过载保护的功能。 （　　）

三、简答题

1. 试简述交流接触器的工作原理。

2. 什么是主令电器？主令电器都有哪些？

3. 接触器由哪几部分组成？试画出接触器各部分的电气符号并说明各部分的作用。

四、拓展题

1. 电动机点动控制回路接线后，按下按钮，电动机不启动，可能的问题是什么？请写出排查思路。

2. 220 V 交流接触器在电路中怎么接线？

项目4　带有过载保护的连续运转电路

项目目标

素质目标

在仿真接线及硬件接线过程中，做到布线整齐，培养学生精工细作的态度和作风。

知识目标

❖ 了解热继电器的结构和工作原理。

❖ 了解自锁电路的工作原理。

能力目标

❖ 能够独立完成带过载保护的连续正转电路的原理图绘制。

❖ 能够完成对应硬件接线。

❖ 能够检查并调试电路，解决调试过程中遇到的问题。

4.1　项目引入

机床加工时，刀具和工件之间的摩擦会释放出大量的热量，这种热量往往会对刀具和工件产生各种不利的影响。为了尽可能排除热量，加工过程中会喷洒冷却液。冷却液对于维护刀具寿命、实现所需的表面粗糙度和确保整体加工效率至关重要。冷却液的喷洒需要冷却泵电动机驱动来实现，且在工件加工过程中，冷却液一般需要持续喷洒。图4-1所示为机床加工过程中喷洒冷却液。

图4-1　机床加工过程中喷洒冷却液

现需要设计一个电路，使电动机可以自动连续运转，满足冷却泵持续工作过程的要求。

4.2　项目分析

本项目要求电动机可以持续运转，即松开按钮后，电动机依然可以保持运转，可以考虑应用自锁电路。此外，考虑到电动机在持续运转，需要增加过载保护装置。

问题引导：

1）保持电动机持续运转可以用什么器件？

2）电动机停止运转可以用什么器件？

3）过载保护可以用哪些器件？

4.3　相关知识

4.3.1　继电器

继电器利用电流、电压、时间、速度、温度等信号来接通和分断小电流电路，广泛应用于电动机或线路的保护及各种生产机械的自动控制，具有体积小、质量轻、结构简单等优点。常用的继电器有热继电器、时间继电器、中间继电器等。

（1）热继电器

以 JR36 系列热继电器为例进行介绍，其外形及结构如图 4-2 所示。热继电器主要是应用电流的热效应原理，在电路中出现过载时自动切断电路，为电路提供过载保护的电器。其主要由热元件、复位按钮、动合触点、动断触点、实验按钮组成。热元件由双金属片和缠绕在其外面的电阻丝组成，动断触点由静触点和动触点组成，传动机构可以把双金属片的动作传给动触点，复位按钮可以使动作后的动触点复位，调整电流装置可以调整保护电流的大小。

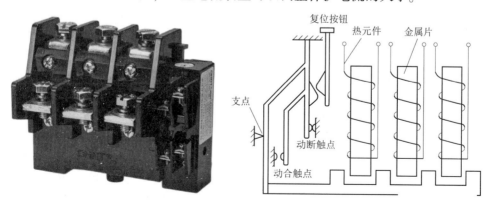

图 4-2　热继电器外形及结构

热继电器各部分的电气符号如表4-1所示。

表4-1　热继电器各部分的电气符号

名称	文字符号	热元件	动断触点	动合触点
热继电器	KH	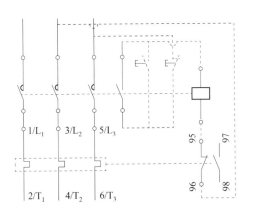 1 3 5 2 4 6		

1）内部结构电气示意。

热继电器的内部结构电气示意如图4-3所示。

热继电器介绍

图4-3　热继电器的内部结构电气示意

在实际运行中，若机械出现不正常的情况或电异常，使电动机过载，则电动机转速下降，绕组中的电流将增大，电动机的绕组温度升高；若过载时间长，过载电流大，电动机绕组的温升就会超过允许值，使电动机绕组老化，缩短电动机的使用寿命，严重时甚至会使电动机绕组烧毁。因此，添加保护电路是必需的。

2）热继电器性能检测。

在使用前，需要判断热继电器的好坏，判断步骤如下。

①观察外观。观察热继电器的外观是否正常。如果有损坏或烧焦痕迹，则说明该热继电器已经损坏，不能再使用，需要更换。

②将万用表打到蜂鸣挡，用万用表的两支表笔分别接触同一热元件的两端，如果出现蜂鸣声，说明该相热元件正常；否则，不正常。

③测试动断触点和动合触点。正常的热继电器，动断触点在保护前是闭合的，动合触点在保护前是断开的。

动断触点测量：将万用表打到蜂鸣挡，用万用表的两支表笔分别接触动断触点的两端，如果出现蜂鸣声，说明该对触点在保护前是正常的；按下测试按钮，同样方法再次测量动断触点两端，如果没有蜂鸣声，说明该对触点可以在过载情况下正常工作。

动合触点测量：将万用表打到蜂鸣挡，用万用表的两支表笔分别接触动合触点的两端，如果没有出现蜂鸣声，说明该对触点在保护前是正常的；按下测试按钮，同样方法再次测量动合触点两端，如果出现蜂鸣声，说明该对触点可以在过载情况下正常工作。

如果以上测试都是正常状态，就可以大致认为热继电器是好的。

注意：有的热继电器可以选择手动复位和自动复位。如果是自动复位，测试后不需要其他操作，热继电器会自己恢复原先的工作状态，进行下一次过载保护；如果是手动复位，一定要手动按下复位按钮，才能进行下一次过载保护。

提示：热继电器不具备短路保护功能，热继电器不适用于频繁可逆转或通断的电动机过载保护，对于重载启动的电动机（启动时间大于 2 s），应有使用热继电器避开启动电流的措施。

（2）中间继电器

中间继电器实际上也是电压继电器，与普通电压继电器的不同之处在于，中间继电器有很多触点，触点电流容量大，动作灵敏。中间继电器的主要用途是增加其他继电器的触点数或触点容量，起中间转换的作用。中间继电器的触点没有主辅之分，各对触点允许通过的电流大小相同。在选用中间继电器时，主要考虑电压等级和触点数目。

以正泰 JZ7 系列为例，该中间继电器由电磁系统和触点系统组成，电磁系统在尼龙基座内，触点系统为桥式双断点、共 8 对触点，分上下两层布置，共有5 种组合，即 4 对常开 4 对常闭、5 对常开 3 对常闭、6 对常开 2 对常闭、7 对常开 1 对常闭、8 对常开 0 对常闭，该中间继电器的外形如图 4-4 所示。

图 4-4　中间继电器的外形

1）中间继电器的型号及含义。

中间继电器的型号及含义如图 4-5 所示。

图 4-5　中间继电器的型号及含义

2）中间继电器的主要技术参数。

线圈额定控制电源电压 U_s 为交流（50 Hz）：12 V，24 V，36 V，48 V，110 V，127 V，220 V，240 V，380 V。

动作范围：吸合电压为（85%～110%）U_s；释放电压为（20%～75%）U_s。

继电器的主要参数及技术性能指标如表4-2所示。

表4-2　继电器的主要参数及技术性能指标

使用类别	约定自由空气发热电流/A	额定工作电压/V	额定工作电流/A	控制容量	线圈功率/（V·A）	操作频率/h⁻¹	电寿命次数（×10⁴）	机械寿命次数（×10⁴）
AC-15	5	380	0.47	180 V·A	吸合功率：≤75	1 200	50	300
DC-13		220	0.15	33 W	吸持功率：≤13			

3）中间继电器的电气符号

中间继电器的电气符号如表4-3所示。

表4-3　中间继电器的电气符号

名称	文字符号	常开触点	常闭触点
中间继电器	KA	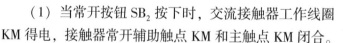	

4.3.2　自锁电路

按钮松开后，依靠接触器自身辅助触点来保持接触器线圈通电，使接触器主触点保持闭合状态，这种电路称为自锁电路。

自锁电路可以实现启动、保持功能。控制电路组成包括按钮、交流接触器辅助触点、交流接触器工作线圈，如图4-6所示。按钮和交流接触器辅助触点并联后，与交流接触器工作线圈串联。

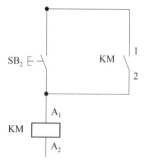

图4-6　自锁电路

（1）当常开按钮 SB₂ 按下时，交流接触器工作线圈 KM 得电，接触器常开辅助触点 KM 和主触点 KM 闭合。

（2）在按钮 SB₂ 松开瞬间，辅助触点 KM 和交流接触器工作线圈 KM 也是完整回路，交流接触器工作线圈 KM 持续保持得电状态，故其主触点和辅助触点仍会保持原状态（即闭合状态），电动机持续工作。

注意：

自锁电路是依靠接触器自身辅助触点来保持接触器工作线圈得电的。

4.3.3 停止功能

由于自锁电路的存在，需要添加停止按钮，才能实现停止功能。

停止按钮应放在控制回路的干路上，选择常态是闭合的常闭按钮，与自锁回路串联，即图 4-7 所示的 SB₁ 按钮。

停止按钮动作之前，控制电路处于接通状态；在按下停止按钮后，控制电路断开，接触器线圈失电，接触器主触点断开，实现电动机停止功能。

4.4 项目实施

提示：从本项目开始，所用元器件逐渐增多，接线相对来说也更复杂。在绘制电气原理图和实物接线环节，务必做到布线整齐、规范，这样一方面容易识图，理解工作原理；另一方面是在出现问题时，更容易查找故障点并加以解决。

不应只追求完成的结果，还要严格要求自己，追求精益求精。

4.4.1 绘制电气原理图

根据项目要求及项目分析，使用 CADe SIMU 软件绘制符合控制要求的电气原理图，可参考图 4-7。

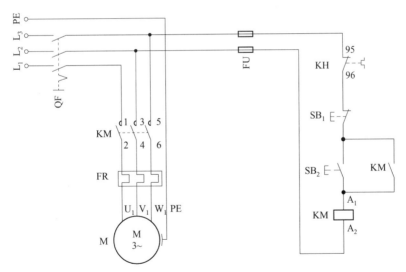

图 4-7 带有过载保护的电动机连续运转电路

4.4.2 电路仿真

按照实际电路动作顺序，使用软件模拟电路动作，各阶段的电路状态如图 4-8 所示。

电路仿真

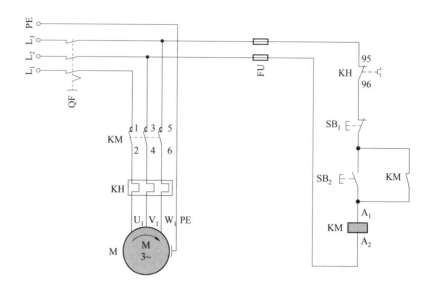

（a）

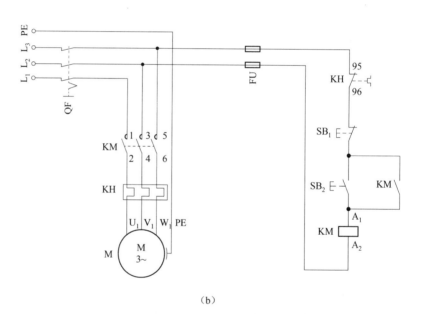

（b）

图 4-8　带有过载保护的电动机连续运转电路仿真结果

（a）自锁电路工作状态；（b）模拟热继电器断开状态

仿真过程如下。

（1）闭合断路器 QF 前，断路器 QF 之后的电路都是不通的，电动机不动作。

（2）闭合断路器 QF，按下按钮 SB$_2$ 之前，接触器 KM 主触点是断开的，电动机 M 未得电，不动作。

（3）闭合断路器 QF，按下按钮 SB$_2$ 之后，接触器工作线圈 KM 得电，接触器辅助常开触点闭合，接触器主触点 KM 闭合，电动机 M 得电，电动机运转。

（4）闭合断路器 QF，松开按钮 SB₂ 瞬间，接触器辅助常开触点还是闭合状态，接触器工作线圈 KM 持续得电，接触器主触点 KM 保持闭合状态，电动机 M 持续运转。

（5）闭合断路器 QF，按下常闭按钮 SB₁，控制回路断开，接触器工作线圈 KM 失电，接触器辅助常开触点断开，接触器主触点 KM 断开，电动机 M 失电，电动机停止运转。

（6）电动机运转期间，模拟过载情况，单击热继电器，控制回路中的热继电器常闭触点 KH 断开，控制回路断开，接触器工作线圈 KM 失电，接触器主触点 KM 断开，电动机 M 失电，停止运转。

仿真结果分析：该电路可以实现电动机的自动运行，符合要求的启动和停止功能；热继电器的接线可以实现过载保护。

4.4.3　物料准备

1）根据项目要求及电气原理图，准备所需物料，所需元器件如表 4-4 所示。

表 4-4　物料明细

序号	物料名称	型号	数量	电气符号
1	低压断路器	NXB-63 D20	1	QF
2	熔断器	RT28-32X/2	1	FU
3	交流接触器	CJX2S-1810	1	KM
4	按钮	LAY39	2	SB₁，SB₂
5	热继电器	JR36-20	1	KH
6	电动机	Y132M-4	1	M
7	导线	不同颜色	若干	—
8	接线盘	网孔盘	1	—
9	电工工具	通用	1 套	—

2）检测各元器件规格是否符合要求，并检测各元器件功能是否正常，可在表 4-5 中记录检测过程及检测结果。

表 4-5　元器件检测记录表

序号	名称	检测过程	检测结果
1	低压断路器		
2	熔断器		
3	交流接触器		
4	按钮		
5	热继电器		
6	电动机		

4.4.4 硬件接线

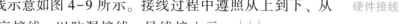

根据绘制的仿真图和准备的物料，完成元器件布置、固定及硬件接线，接线示意如图4-9所示。接线过程中遵照从上到下、从 硬件接线

左到右的顺序接线，以防漏接线；导线接入元器件时要遵照上进下出的原则，以便线路有误时可以快速找到错误。

4.4.5 调试检验

（1）线路检查

接好线路后，首先进行接线检查，检查内容包括接线是否正确、是否牢固。对照电气原理图、硬件接线图，从电源端开始逐段核对，排除错接、漏接错误；用手摇动、拨拉接线端子上的导线，不允许有松脱现象。然后使用万用表按照线路检查方法进行检测，检查方法如表4-6所示。

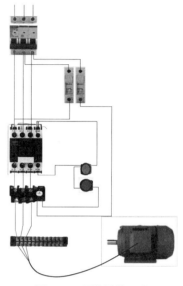

图4-9 硬件接线示意

表4-6 万用表线路检查方法

序号	电路状态	检测项目	元器件动作	检查方法	正确结果	检测结果
1		主回路		分别测量从断路器进线端到电动机进线端的每根接线	导通	
2		控制回路	按下接触器	测量两个熔断器进线端的电阻值	KM线圈电阻值	
				按下SB_1，测量两个熔断器进线端的电阻值	电阻值为∞	
3	闭合断路器	主回路		分别测量从断路器进线端到电动机进线端的每根接线	断开	
4		控制回路	松开接触器	按下SB_2，测量两个熔断器进线端的电阻值	KM线圈电阻值	
				松开SB_2，测量两个熔断器进线端的电阻值	电阻值为∞	
				按下SB_1，测量两个熔断器进线端的电阻值	电阻值为∞	
5	断开断路器	主回路	按下接触器	分别测量从断路器进线端到电动机进线端的每根接线	电阻值为∞	
6			松开接触器	分别测量从断路器进线端到电动机进线端的每根接线	电阻值为∞	

经检查，确认元器件安装及接线正确，检查确保周围无杂物，无安全隐患后，方可进行下一步操作。

（2）通电测试

周围明显位置悬挂警示牌，经教师确认无误后，在教师在场情况下进行通电调试。

调试过程同仿真验证过程一样，调试过程中注意观察各元器件动作状态是否正常，并在表4-7中做好记录。

表4-7　调试记录表

序号	操作	相关元器件	元器件对应动作	调试结果
1	闭合断路器	低压断路器	可以正常闭合	
2	按下启动按钮	启动按钮	按钮可正常按下	
		接触器	接触器主触点闭合	
		电动机	电动机运转	
3	松开启动按钮	启动按钮	按钮可正常弹起	
		接触器	接触器主触点闭合	
		电动机	电动机持续运转	
4	按下停止按钮	停止按钮	按钮可正常按下	
		接触器	接触器主触点断开	
		电动机	电动机停转	
5	松开停止按钮	停止按钮	按钮可正常弹起	
		接触器	接触器无变化	
		电动机	电动机无变化	
6	断开断路器	低压断路器	可以正常断开	
7	整个过程	熔断器	熔断器不烧毁	
最终调试结果				

4.5　项目评价

请参照表4-8，回顾本次项目实施过程，完成相应环节评分。

表 4-8　评分表

序号	环节	明细	配分/分	评分/分
项目名称				
班级			姓名	
1	项目引入 （20分）	能够理解项目要求	5	
		可以积极自主查阅资料	5	
		能够回答引导问题	10	
2	仿真模拟 （30分）	独立完成电气原理图的绘制	10	
		检查接线的正确性	5	
		正确控制各元器件动作顺序，完成电气原理图仿真	10	
		说出各元器件的作用	5	
3	硬件接线 （30分）	正确选用元器件	10	
		独立完成接线	15	
		独立解决接线过程中遇到的各种问题	5	
4	小组展示 （10分）	能够准确表达本组所选用的物料	3	
		能够清楚表达电路的工作过程	5	
		表达语言流畅、思路清晰	2	
5	职业素养 （10分）	能够规范用电	5	
		布线规范、整齐	5	
总分/分			100	

思考与练习

一、填空题

1. 热继电器一般用于_____保护。

2. 电动机长动（持续运转）与点动控制区别的关键环节是_____触点是否接入。

3. 中间继电器_____（有或无）主辅触点之分。

4. 要实现电动机的多级控制，应把所有的启动按钮_____连接，所有的停止按钮_____连接。

二、选择题

1. 热继电器在电路中的文字符号是（　　）。

A. FU　　　　　B. KH　　　　　C. KM　　　　　D. KA

2. KA 是（　　）的文字符号。

A. 接触器　　　B. 电源　　　　C. 熔断器　　　　D. 中间继电器

三、拓展题

1. 电动机控制回路中，有哪些元器件可以在电路中起到保护作用？分别是针对哪种情况的保护？

2. 画出下列继电器的图形符号。

（1）热继电器动断触点。

（2）热继电器动合触点。

（3）热继电器热元件。

（4）中间继电器线圈。

（5）中间继电器常开触点。

（6）中间继电器常闭触点。

3. 试设计一个可以同时实现电动机点动运转和连续单向运转的混合电路，其中 SB_1 是停止按钮，SB_2 是点动控制按钮，SB_3 是连续运转按钮。

项目5 接触器互锁的电动机正反转电路

项目目标

素质目标

组内同学团结协作，合理分工，完成实物接线检测，培养学生团队精神。

知识目标

❖ 了解电动机正反转的控制原理。

❖ 知道互锁电路的含义。

能力目标

能够独立完成接触器互锁控制电路的接线。

5.1 项目引入

在实际生产中，机床上很多地方要求电动机能实现正反两个方向的运动，如换刀时需要刀库的正转或反转，排屑时需要排屑机的正转或反转等。以换刀时刀库的控制为例，刀库的最大转角为180°，由控制系统根据所换刀具的位置自动判别刀库正转或反转，以使找到的路径最短。图5-1所示为圆盘式刀库。现需要设计刀库正反转驱动电动机的主电路和控制电路。

图5-1 圆盘式刀库

5.2 项目分析

根据项目描述，结合应用场合，对项目进行分析，可得到电路设计须满足以下4个方面的要求。

1）既可以实现电动机正转控制，又可以实现电动机反转控制。

2）正反转不能同时出现，即正转期间不能反转，反转期间也不能正转。

3）无论是正在正转还是反转，均可以停止。

4）有一定的过载保护、短路保护功能。

问题引导：

1）电动机怎么实现正反两个方向的运转？

2）主轴正转时，有哪些方法可以保证反转动按钮无效呢？

3）过载保护、短路保护功能需要用到哪些元器件？需要放到电路中的什么位置？

5.3　相关知识

5.3.1　三相电源

由单个绕组电源产生的交流电称为单相交流电，由三个单相绕组的发电机或变压器对称连接提供电能的电源，称为三相交流电源。三相电是交流发电、输电、配电的常用方式，是由电网传输电能的最常用方法，可以用来驱动大电动机和其他重负载。

三相交流电发电机主要由定子和转子组成，转子是电磁铁，其磁极表面的磁场按正弦规律分布。定子铁芯中嵌放三个在尺寸、匝数和绕法上完全相同的线圈绕组，三相绕组始端分别用 U_1，V_1，W_1 表示，末端用 U_2，V_2，W_2 表示，分别称为 U 相、V 相、W 相，依次以黄、绿、红三种颜色为标志。

（1）连接形式

将三相发电机中三相绕组的末端 U_2，V_2，W_2 连接在一起，使其成为一个公共点，始端 U_1，V_1，W_1 引出作输出线，这种连接方式称为星形连接，用丫表示。将三相电源内每相绕组的末端和另一相绕组的始端依次相连的连接方式，称为电源的三角形连接，用△表示。两种接线如图 5-2 所示。

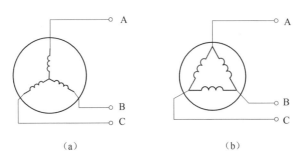

图 5-2　星形连接和三角形连接

（a）星形连接；（b）三角形连接

在电力系统中，发电机的三相绕组几乎都采用星形连接，常用的供电方式有三相三线制、三相四线制、三相五线制等，如图 5-3 所示。

三相四线制是低压供电系统中常采用的供电方式，即采用三根相线和一根

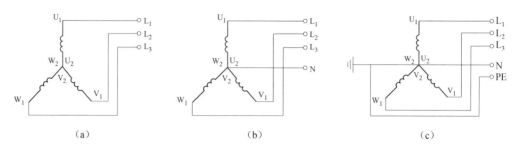

图 5-3　三相电的供电方式

（a）三相三线制；（b）三相四线制；（c）三相五线制

中线的输电方式。从三个线圈始端 U_1，V_1，W_1 引出的三根线称为相线（又称火线），用 L_1，L_2，L_3 表示，分别以黄、绿、红三种颜色为标志。三个线圈的末端连接在一起，成为一个公共点，称为中性点，用 N 表示。

注意：三相电可以用 L_1，L_2，L_3 表示，也可以用 A，B，C 表示。

从中性点引出的输电线称为中性线，简称中线。中线通常与大地相连接，并把接地的中性点称为零点，把接地的中性线称为零线。工程上，零线或中线所用导线一般用蓝色或黑色表示。有时为了简便，常不画出发电机的线圈连接方式，只画四根输电线表示相序，如图 5-4 所示。

（2）线电压与相电压

三相电源是由三个幅值相等、频率相同、相位互差 120°的正弦电压源按一定方式连接的，图 5-5 为三相电源的电压向量图。

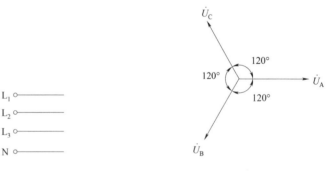

图 5-4　三相四线制的简便画法　　　图 5-5　三相电源的电压向量图

相线与中性线之间的电压，称为电源的相电压，用 U_A，U_B，U_C 表示。相线与相线之间的电压，称为电源的线电压，用 U_{AB}，U_{BC}，U_{CA} 表示。

星形连接三相电源的线电压与相电压的向量关系式为

$$\dot{U}_{AB} = \dot{U}_A - \dot{U}_B$$

$$\dot{U}_{BC} = \dot{U}_B - \dot{U}_C$$

$$\dot{U}_{CA} = \dot{U}_C - \dot{U}_A$$

星形连接时，线电压与相电压的向量关系如图 5-6 所示。

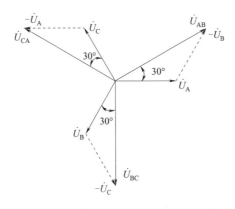

图 5-6　星形连接时线电压与相电压的向量关系

可见，线电压等于相电压的 $\sqrt{3}$ 倍。如果线电压的有效值用 U_L 表示，相电压有效值用 U_P 表示，则 $U_L = \sqrt{3}\,U_P$。

相位上，线电压超前于相应的相电压 30°，如 $\dot{U}_{AB}$ 超前 $\dot{U}_A$ 30°。

三相电源的电压通常是指线电压。一般所说的交流 380 V 供电电压，在低压三相四线制供电方式中是指线电压为 380 V，其相电压为 380 V/$\sqrt{3}$ = 220 V。

5.3.2　电动机正转反转

三相异步电动机的结构如图 5-7 所示，其是由静止的定子和转动的转子两部分组成的。定子主要由机座、定子铁芯和定子绕组组成；转子由转子铁芯、转子绕组和转轴三部分组成。定子三个绕组分别是 U 相绕组、V 相绕组和 W 相绕组，它们被分别连接到三相交流电源上。

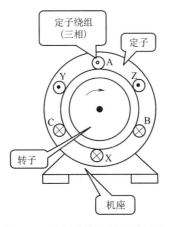

图 5-7　三相异步电动机的结构

电动机工作基于电磁感应定律，当电源按 U，V，W 相序接入电动机时，电流通过三相绕组并在定子上形成正向旋转的旋转磁场，电动机转子绕组与旋转磁场的相对运动产生感应电动势和感应电流，感应电流在旋转磁场的作用下产生电磁转矩，驱使转子转动。当任意调整接入电动机电源的两个相序时，电流通过三相绕组就会在定子周围形成反向旋转的旋转磁场，转子在其作用下即会反向旋转，实现电动机的反转。

电动机要实现正反转控制，将其电源的相序中任意两相对调即可（称为换相），通常是 V 相不变，将 U 相与 W 相对调。

提示：为了保证两个接触器动作时能够可靠调换电动机的相序，接线时应使接触器的上口接线保持一致，在接触器的下口换相。

5.3.3 互锁电路

实现电动机正反转，需要将电源两相相序对调，故必须确保正转控制线圈和反转控制线圈不能同时得电，否则会发生严重的相间短路故障。可以采取互锁电路保证正转控制线圈和反转控制线圈不同时得电。互锁有电气互锁、按钮互锁、机械互锁。

（1）电气互锁

电气互锁电路如图 5-8 所示。把反转电路的交流接触器常闭触点接入正转回路中，把正转电路的交流接触器常闭触点接入反转回路中，这样在任何情况下，电路中只能有一个交流接触器线圈得电。

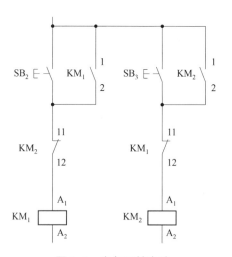

图 5-8　电气互锁电路

工作过程：合上断路器 QF，按下启动按钮 SB_2，接触器 KM_1 线圈得电，同时接触器 KM_1 主触点和辅助常开触点 KM_1 闭合，电动机正转，辅助常闭触点 KM_1 断开，使接触器 KM_2 线圈在线圈 KM_1 通电时无法得电，实现互锁关系；按下 SB_3，接触器 KM_2 线圈得电，同时接触器 KM_2 主触点和辅助常开触点 KM_2 闭合，电动机反转，辅助常闭触点 KM_2 断开，使接触器 KM_1 线圈在 KM_2 线圈通电时无法得电，实现互锁关系。

（2）按钮互锁

按钮互锁是按钮的触点通过一定方式接线，限制两个交流接触器同时得电。图 5-9 所示为按钮互锁电路，其中，同一标识表示是同一个电器件，即电路中用到的按钮 SB_2 和 SB_3 是有联动的常开触点和常闭触点。

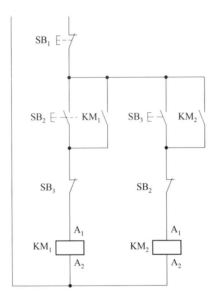

图 5-9　按钮互锁电路

将控制电动机反转按钮 SB_3 的常闭触点串联接在电动机正转的控制回路中，在正转过程中，若按下反转按钮 SB_3，则接触器 KM_2 线圈得电，同时串联在正转控制回路中的常闭触点 SB_3 断开，接触器 KM_1 线圈失电，保证两个接触器线圈不会同时得电，实现互锁。

（3）机械互锁

机械互锁是通过机械部件实现互锁，通过机械杠杆，一个开关合上时，另一个开关被机械卡住无法合上，可以限制两个交流接触器线圈同时得电。

5.4　项目实施

5.4.1　绘制电气原理图

根据项目要求及项目分析，使用 CADe SIMU 软件绘制符合控制要求的电气原理图，可参考图 5-10。

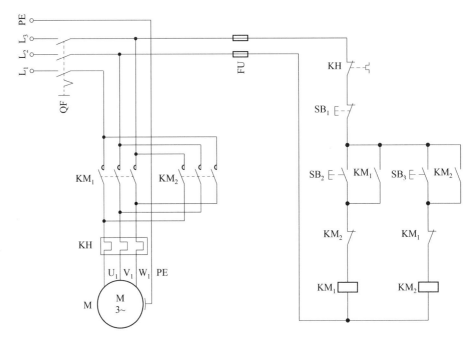

图 5-10　接触器互锁电动机正反转电路

5.4.2　电路仿真

按照实际电路动作顺序，使用软件模拟电路动作，各阶段的
电路状态如图 5-11 所示。

电路仿真

仿真结果如下。

1）闭合断路器 QF 前，断路器 QF 之后的电路都是不通的，电动机不动作。

2）闭合断路器 QF，KM 主触点是断开的，电动机 M 未得电，不动作。

3）闭合断路器 QF，按下按钮 SB_2 之后，接触器工作线圈 KM_2 不得电，接触器 KM_2 无动作；接触器工作线圈 KM_1 得电，接触器辅助常开触点 KM_1 闭合，常闭触点 KM_1 断开，接触器主触点 KM_1 闭合，电动机 M 得电，电动机顺时针方向运转。

4）闭合断路器 QF，松开按钮 SB_2 瞬间，接触器辅助常开触点 KM_1 还是闭合状态，接触器工作线圈 KM_1 持续得电，主触点 KM_1 保持闭合状态，辅助常闭触点 KM_1 还是断开状态，接触器 KM_2 不动作，电动机 M 持续顺时针方向运转。

5）闭合断路器 QF，按下按钮 SB_1，控制回路断开，接触器工作线圈 KM_1 失电，在主回路中的接触器主触点 KM_1 断开，电动机 M 停止运转。

6）闭合断路器 QF，按下按钮 SB_3 的工作过程参考第 4）步、第 5）步，电动机 M 逆时针方向运转。

7）闭合断路器 QF，按下按钮 SB_1，控制回路断开，接触器工作线圈 KM_2 失电，在主回路中的接触器主触点 KM_2 断开，电动机 M 停止运转。

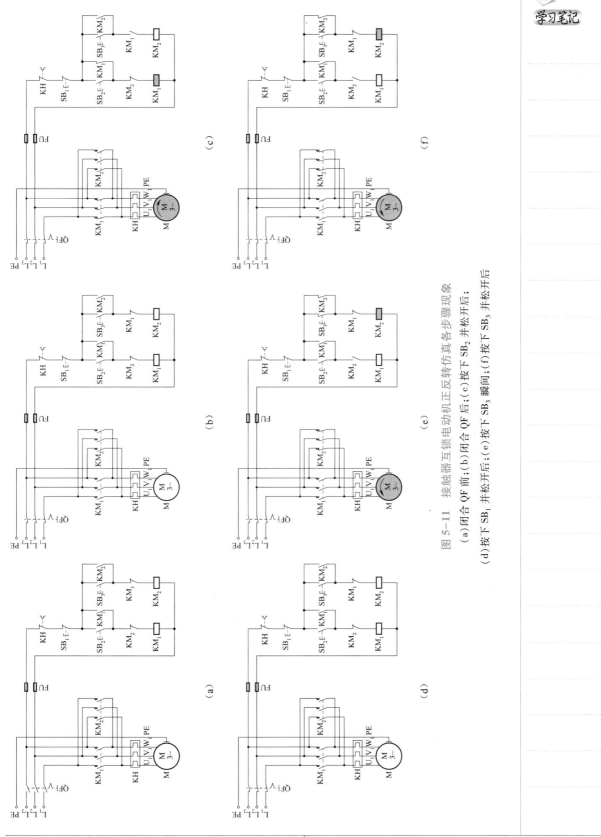

图 5-11 接触器互锁电动机正反转仿真各步骤现象

(a) 闭合 QF 前；(b) 闭合 QF 后；(c) 按下 SB₂ 并松开后；

(d) 按下 SB₁ 并松开后；(e) 按下 SB₃ 瞬间；(f) 按下 SB₃ 并松开后

结果分析：电路可实现电动机正转和反转功能；正转期间按反转按钮无效，反转期间按正转按钮无效，具有自锁功能；可实现电动机停止功能。

经过仿真验证，根据验证结果，完成表5-1内容的填写。

表5-1 元器件功能

序号	按钮名称	按钮作用
1	SB$_1$	
2	SB$_2$	
3	SB$_3$	

5.4.3 物料准备

1）根据项目要求及电气原理图，准备所需物料，所需元器件如表5-2所示。

表5-2 物料明细

序号	物料名称	型号	数量	电气符号
1	低压断路器	NXB-63 D20	1	QF
2	熔断器	RT28-32X/2	1	FU
3	交流接触器	CJX2-1810	2	KM$_1$，KM$_2$
4	按钮	LAY39	3	SB$_1$，SB$_2$，SB$_3$
5	热继电器	JR36-20	1	KH
6	电动机	Y132M-4	1	M
7	导线	线径、颜色	若干	—
8	接线盘	网孔盘	1	—
9	电工工具	通用	1套	—

2）检测各元器件规格是否符合要求，并检测各元器件功能是否正常，可在表5-3中记录检测过程及检测结果。

表5-3 元器件检测记录表

序号	名称	检测过程	检测结果
1	低压断路器		
2	熔断器		
3	交流接触器		
4	按钮		
5	热继电器		
6	电动机		

5.4.4　硬件接线

根据绘制的仿真电路图和准备的物料，完成元器件布置、固定及硬件接线，接线示意如图 5-12 所示。

接线过程中遵照从上到下、从左到右的顺序接线，以防漏线；导线接入元器件时要遵照上进下出的原则，以便线路有误时可以快速找到错误。

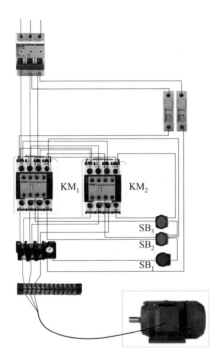

硬件接线

图 5-12　硬件接线

5.4.5　调试检验

（1）线路检查

提示：

1）用万用表检查线路时，要在断电情况下检查。

2）用万用表检查线路时，需要按下接触器或按钮，模拟电路工作状态，这个过程一个人无法完成。

3）组内学生做好分工，协作完成线路检查任务，保证后续环节的人身安全和线路安全。

接好线路后，首先进行接线检查，检查内容包括接线是否正确、是否牢固。对照电气原理图、硬件接线图，从电源端开始逐段核对，排除错接、漏接错误；用手摇动、拨拉接线端子上的导线，不允许有松脱现象。然后使用万用表按照

学习笔记

线路检查方法进行检测，检查方法如表5-4所示。

表5-4　万用表线路检查方法

序号	电路状态	检测项目	元器件动作	检查方法	正确结果	检测结果
1	闭合断路器	主回路	按下接触器 KM_1	分别测量从断路器进线端到电动机进线端的每根接线	导通	
2		控制回路		按下 SB_2 按钮，测量两个熔断器进线端的电阻值	KM_1 线圈的电阻值	
3				松开 SB_2 按钮，测量两个熔断器进线端的电阻值	KM_1 线圈的电阻值	
4				按下 SB_1 按钮，测量两个熔断器进线端的电阻值	电阻值为∞	
5		主回路	按下接触器 KM_2	分别测量从断路器进线端到电动机进线端的每根接线	导通	
6		控制回路		按下 SB_3 按钮，测量两个熔断器进线端的电阻值	KM_2 线圈的电阻值	
7				松开 SB_3 按钮，测量两个熔断器进线端的电阻值	KM_2 线圈的电阻值	
8				按下 SB_1 按钮，测量两个熔断器进线端的电阻值	电阻值为∞	
9		主回路	KM_1 和 KM_2 均松开	分别测量从断路器进线端到电动机进线端的每根接线	电阻值为∞	
10		控制回路		测量两个熔断器进线端的电阻值	电阻值为∞	
11	断开断路器	主回路		分别测量从断路器进线端到电动机进线端的每根接线	电阻值为∞	
12		控制回路		测量两个熔断器进线端的电阻值	电阻值为∞	

经检查，确认元件安装及接线正确，检查确保周围无杂物，无安全隐患后，方可进行下一步操作。

（2）通电调试

周围明显位置悬挂警示牌，经教师确认无误后，在教师在场情况下进行通电调试。

调试过程同仿真验证过程一样，调试过程中注意观察各元器件动作状态是否正常，并在表5-5中做好记录。

表 5-5　调试记录表

顺序	操作	相关元器件	元器件对应动作	调试结果
1	闭合断路器	低压断路器	可以正常闭合	
2	按下 SB₂ 按钮后松开 SB₂ 按钮	SB₂ 按钮	按钮可正常按下和弹起	
		接触器 KM₁	接触器 KM₁ 吸合	
		电动机	电动机持续运转	
3	按下 SB₃ 按钮后松开 SB₃ 按钮	SB₃ 按钮	按钮可正常按下和弹起	
			接触器 KM₁，KM₂ 状态无变化	
			电动机运转无变化	
4	按下 SB₁ 按钮后松开 SB₁ 按钮	SB₁ 按钮	按钮可正常按下和弹起	
		接触器 KM₁	接触器 KM₁ 断开	
		电动机	电动机停转	
5	按下 SB₃ 按钮后松开 SB₃ 按钮	SB₃ 按钮	按钮可正常按下和弹起	
		接触器 KM₂	接触器 KM₂ 吸合	
		电动机	电动机持续运转，与刚才转向相反	
6	按下 SB₂ 按钮后松开 SB₂ 按钮	SB₂ 按钮	按钮可正常按下和弹起	
			接触器 KM₁，KM₂ 状态无变化	
			电动机运转无变化	
7	断开断路器	低压断路器	可以正常断开	
8	整个过程	熔断器	熔断器不烧毁	
最终调试结果				

5.5　项目评价

请参照表 5-6，回顾本次项目实施过程，完成相应环节评分。

表 5-6　评分表

项目名称				
班级			姓名	
序号	环节	明细	配分/分	评分/分
1	项目引入（20 分）	能够理解项目要求	5	
		可以积极自主查阅资料	5	
		能够回答引导问题	10	

序号	环节	明细	配分	评分
2	仿真模拟 （30分）	独立完成电气原理图的绘制	10	
		检查接线的正确性	5	
		正确控制各元器件动作顺序，完成电气原理图仿真	10	
		说出各元器件的作用	5	
3	硬件接线 （30分）	正确选用元器件	10	
		独立完成接线	15	
		独立解决接线过程中遇到的各种问题	5	
4	小组展示 （10分）	能够准确表达本组所选用的物料	3	
		能够清楚表达电路的工作过程	5	
		表达语言流畅、思路清晰	2	
5	职业素养 （10分）	能够规范用电	5	
		组内分工合理	3	
		能够有团队合作意识	2	
总分/分			100	

思考与练习

一、填空题

1. 三相四线制是由_____根_____线和一根_____线构成的供电系统。在该系统中，线电压是相电压的_____倍。

2. 中性线在三相四线制电路中的作用是_____。

3. 三相电动机采用_____相_____线制供电。

4. 将三相电源内每相绕组的末端和另一相绕组的始端依次相连的连接方式，称为电源的_____接法，用_____表示。

5. 在我国三相四线制中，任意一根相线与零线之间的电压为_____（相或线）电压，有效值是_____V。

二、拓展题

1. 图 5-13 所示为电气互锁和按钮互锁（双重互锁）控制电路，试分析该电路是怎么实现控制的？该电路的各工作阶段，电路状态是怎样的？

2. 图 5-14 所示为电动机正反转控制电路，检查图中画错的地方并加以改正，说明错误的原因。

学习笔记

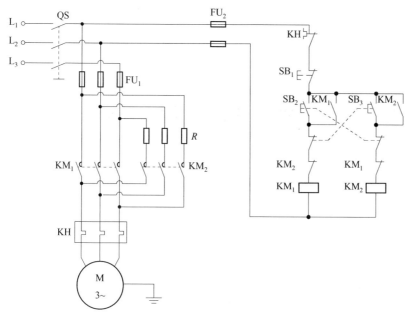

图 5-13　双重互锁控制电路

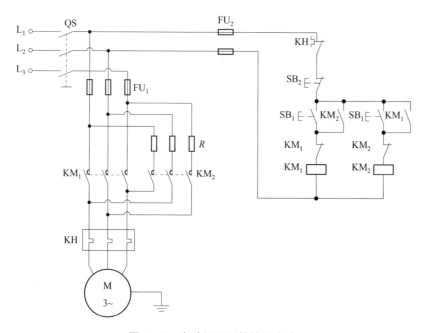

图 5-14　电动机正反转控制电路

项目 6　电动机降压启动

项目目标

素质目标

培养学生严谨细致的工作作风。

知识目标

❖ 掌握负载三角形接法的电压与电源电压的关系。

❖ 掌握负载星形接法的电压与电源电压的关系。

❖ 知道三角形接法与星形接法的电压、电流关系。

❖ 理解降压启动的工作过程。

能力目标

❖ 能独立完成电路图的绘制和仿真验证。

❖ 能独立完成电动机降压启动控制的接线。

6.1　项目引入

　　龙门刨床主要用于大型工件的各种外部磨削，在大型机械加工厂中较常见。B2012A 型龙门刨床的外观如图 6-1 所示，其电气控制系统由三相 380 V、50 Hz 的交流电源供电，主电动机 MA 功率为 60 kW，一般采用 丫-△ 降压启动。本项目要求设计三相异步电动机 丫-△ 降压启动的主电路和控制电路。

图 6-1　B2012A 型龙门刨床的外观

6.2　项目分析

本项目要求设计丫–△降压启动电路，需要先了解以下几个问题。

1）什么是丫电路？什么是△电路？

2）为什么要先丫后△？

3）满足什么条件才能从丫电路切换到△电路？

6.3　相关知识

6.3.1　相电流与线电流

三相电路中，流过每相负载的电流称为相电流，有效值用 I_a，I_b，I_c 或 I_P 表示。流过相线的电流称为线电流，有效值用 I_A，I_B，I_C 或 I_L 表示。

在三相交流电中，线电流与相电流的关系要根据负载接法来确定。负载为星形连接时，线电流与相电流相等，即 $I_P = I_L$；负载为三角形连接时，线电流有效值为相电流的 $\sqrt{3}$ 倍，相位上，线电流滞后于各相的相电流30°。

6.3.2　电动机绕组的接法

（1）星形连接

将三相负载分别接在三相电源的一根相线和中线之间的接法称为星形连接，用丫表示。星形连接时，电动机绕组内部接线、接线端子接线和接触器主触点接线如图6-2所示。

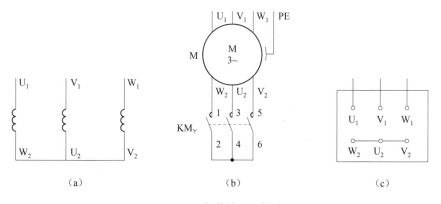

图6-2　负载的星形接法

（a）内部接线；（b）接线端子接线；（c）接触器主触点接线

在星形连接中，每相负载接在电源相线和中性线之间，因此每相负载两端的电压等于电源的相电压。若用 Z 表示电动机某一相绕组，那么该相负载两端的电压 $U=U_P$，流过该相负载的相电流为 $I_P=\dfrac{U}{Z}=\dfrac{U_P}{Z}$，该相的线电流为 $I_L=I_P=\dfrac{U_P}{Z}$。由于电源电压数值相等，相角依次相差 120°，且电动机三相绕组是对称的，故流过中性线的电流为 0 A。

（2）三角形连接

将三相负载分别接在三相电源每两根相线之间的接法，称为三角形连接，用△表示。三角形接法时，电动机绕组内部接线、接线端子接线和接触器主触点接线如图 6-3 所示。

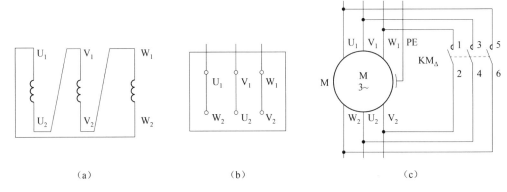

（a） （b） （c）

图 6-3 负载的三角形连接

（a）内部接线；（b）接线端子接线；（c）接触器主触点接线

在三角形连接中，由于各相负载是分别接在两根相线之间的，因此每相负载的电压等于电源的线电压。若用 Z 表示电动机某一相绕组，那么该相负载两端的电压 $U=U_L$，流过该相负载的相电流为 $I_P=\dfrac{U}{Z}=\dfrac{U_L}{Z}=\dfrac{\sqrt{3}\,U_P}{Z}$，线电流为 $I_L=\sqrt{3}\,I_P=\dfrac{3U_P}{Z}$。

与三角形连接相比，负载为星形连接时，负载两端的电压只是三角形连接时的 $1/\sqrt{3}$（所以丫-△启动称为降压启动）；流过相线的线电流更小，只是三角形连接电流的 1/3。丫-△降压启动用于正常工作时是三角形连接的电动机，先将负载接成星形连接，用小电流启动电动机；再将负载接成三角形连接，保证电动机正常工作。

因为星形连接的启动转矩也是原来三角形连接的 1/3，所以丫-△降压启动方式只适用于轻载启动运行。

6.3.3 控制电路特点

启动按钮和主接触器构成自锁回路。

三角形连接的启动按钮选用联动按钮，常开触点接在三角形运行的接触器线圈回路，常闭触点接在星形运行的接触器线圈回路。

三角形连接运行控制的接触器 KM△ 与星形连接运行控制的接触器 KM丫 构成互锁回路。

6.4 项目实施

6.4.1 绘制电气原理图

根据项目要求及项目分析，使用 CADe SIMU 软件绘制符合控制要求的电气原理图，可参考图 6-4。

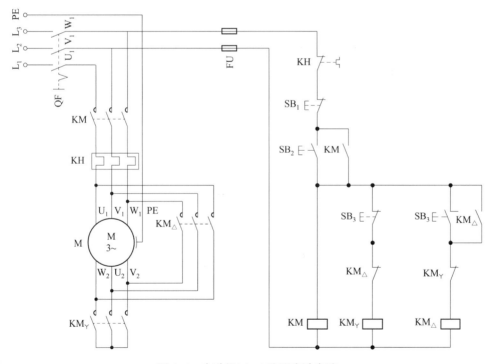

图 6-4 电动机 丫-△ 降压启动电路

提示：本任务用到的接触器有 3 个，每个功能都是不同的。设计电路时，要注意区分每个接触器的功能、辅助触点的类型选择及其在控制回路中的接线位置，需要严谨且细致的工作态度才能顺利地完成任务。

6.4.2 电路仿真

按照实际电路动作顺序，使用软件模拟电路动作，各阶段的电路
状态如图6-5所示。

电路仿真

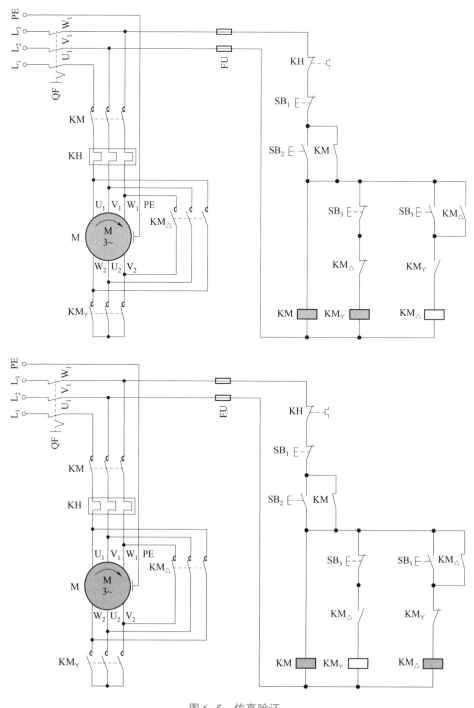

图 6-5 仿真验证

仿真结果如下。

1）闭合断路器 QF，按下按钮 SB$_2$，接触器 KM 的线圈得电，与 SB$_2$ 并联的常开辅助触点闭合，形成自锁回路，KM 线圈持续得电，接触器主触点 KM 持续闭合。

2）接触器 KM$_Y$ 线圈所在支路是 SB$_3$ 的常闭按钮，在完成步骤 1）操作后，KM$_Y$ 线圈得电，其主回路中的主触点闭合，电动机绕组星形连接得电，电动机启动。

3）一定时间后，按下 SB$_3$ 按钮，接触器 KM$_\triangle$ 线圈所在支路的 SB$_3$ 常开按钮闭合，KM$_\triangle$ 线圈得电，其主回路中的主触点闭合，同时接触器 KM$_Y$ 线圈所在支路的 SB$_3$ 常闭断开，KM$_Y$ 线圈失电，主回路中的 KM$_Y$ 主触点断开，电动机绕组三角形连接得电运行。

结果分析如下。

1）两个自锁电路都可以正常实现功能。自锁元器件是接触器 KM 和接触器 KM$_\triangle$。

2）在 SB$_3$ 按下之前，电路以星形连接方式运行。

3）接触器 KM$_Y$ 和接触器 KM$_\triangle$ 互锁功能正常。

经过仿真验证，根据验证结果，按照按钮操作顺序，完成表 6-1 内容的填写。

表 6-1 元器件功能

序号	按钮名称	按钮作用
1		
2		
3		

6.4.3 物料准备

1）根据项目要求及电气原理图，准备所需物料，所需元器件如表 6-2 所示。

表 6-2 物料明细表

序号	物料名称	型号	数量	电气符号
1	低压断路器	NXB-63 D20	1	QF
2	熔断器	RT28-32X/2	1	FU
3	交流接触器	CJX2S-1810	3	KM，KM$_\triangle$，KM$_Y$
4	按钮	LAY39	3	SB$_1$，SB$_2$，SB$_3$
5	热继电器	JR36-20	1	KH
6	电动机	Y132M-4	1	M
7	导线	线径、颜色	若干	—
8	接线盘	网孔盘	1	—
9	电工工具	通用	1套	—

2）检测各元器件规格是否符合要求，并检测各元器件功能是否正常，可在表6-3中记录检测过程及检测结果。

表6-3　元器件检测记录表

序号	名称	检测过程	检测结果
1	低压断路器		
2	熔断器		
3	交流接触器		
4	按钮		
5	热继电器		
6	电动机		

6.4.4　硬件接线

根据绘制的仿真电路图和准备的物料，完成元器件布置、固定及硬件接线，接线示意如图6-6所示。

接线过程中遵照从上到下、从左到右的顺序接线，以防漏线；导线接入元器件时要遵照上进下出的原则，以便线路有误时可以快速找到错误。

硬件接线

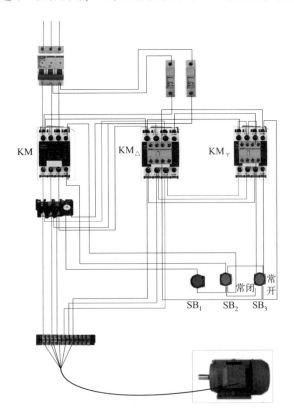

图6-6　Y-△降压启动硬件接线

6.4.5 调试检验

(1) 线路检查

接好线路后，首先进行接线检查，检查内容包括接线是否正确、是否牢固。对照电气原理图、硬件接线图，从电源端开始逐段核对，排除错接、漏接错误；用手摇动、拨拉接线端子上的导线，不允许有松脱现象。然后使用万用表按照线路检查方法进行检测，检查方法如表6-4所示。

表6-4 万用表线路检查方法

序号	电路状态	检测项目	元器件动作	检查方法	正确结果	检测结果
1		主回路	按下接触器 KM	分别测量从断路器进线端到电动机 U_1，V_1，W_1 进线端的每根接线	导通	
2		控制回路		测量两个熔断器进线端的电阻值	KM 线圈和 KM_Y 线圈并联电阻值	
3		主回路	松开接触器 KM	分别测量从断路器进线端到电动机进线端的每根接线	∞	
4		控制回路		按下 SB_2 按钮，测量两个熔断器进线端的电阻值	KM 线圈和 KM_Y 线圈并联电阻值	
				松开 SB_2 按钮，测量两个熔断器进线端的电阻值	电阻值为∞	
5	闭合断路器	主回路	按下 KM 和 KM_Y	测量 KM_Y 的三根进线端的电阻值	导通	
				KM 的出线端 1T 与 KM_Y 的出线端 2T 的电阻值	电动机绕组电阻值	
				KM 的出线端 2T 与 KM_Y 的出线端 3T 的电阻值	电动机绕组电阻值	
6		控制回路		按下 SB_2 按钮，测量两个熔断器进线端的电阻值	KM 线圈和 KM_Y 线圈并联电阻值	
				松开 SB_2 按钮，测量两个熔断器进线端的电阻值	电阻值为∞	
7		主回路	按下 KM 和 $KM_\triangle$	测量 KM 的出线端 1T 与 KM_Y 的出线端 3T	导通	
				测量 KM 的出线端 2T 与 KM_Y 的出线端 2T	导通	
8		控制回路		按下 SB_3 按钮，测量两个熔断器进线端的电阻值	KM 线圈和 $KM_\triangle$ 线圈并联电阻值	
				按下 SB_3 按钮，测量两个熔断器进线端的电阻值	KM 线圈和 $KM_\triangle$ 线圈并联电阻值	

序号	电路状态	检测项目	元器件动作	检查方法	正确结果	检测结果
9	断开断路器	主回路		分别测量从断路器进线端到电动机进线端的每根接线	∞	
10		控制回路		测量两个熔断器进线端	∞	

（2）通电调试

周围明显位置悬挂警示牌，经教师确认无误后，在教师在场情况下进行通电调试。

调试过程同仿真验证过程一样，调试过程中注意观察各元器件动作状态是否正常，并在表6-5中做好记录。

表6-5 调试记录表

序号	操作	相关元器件	元器件对应动作	调试结果
1	闭合断路器	低压断路器	可以正常闭合	
2	按下按钮 SB_2	按钮	按钮可正常按下	
		接触器	接触器 KM 和 KM_Y 吸合	
		电动机	电动机启动运转	
3	松开按钮 SB_2	按钮	按钮可正常弹起	
		接触器	接触器 KM 和 KM_Y 保持吸合	
		电动机	电动机持续运转	
4	按下按钮 SB_3	按钮	按钮可正常按下	
		接触器	接触器 KM_Y 断开 接触器 $KM_\triangle$ 吸合	
		电动机	电动机保持运转	
5	松开按钮 SB_3	按钮	按钮可正常弹起	
		接触器	KM 和 $KM_\triangle$ 保持吸合	
		电动机	电动机持续运转	
6	按下按钮 SB_1	按钮	按钮可正常按下	
		接触器	接触器 KM 和 $KM_\triangle$ 断开	
		电动机	电动机停止	
7	松开按钮 SB_1	按钮	按钮可正常弹起	
		接触器	所有接触器状态不变	
		电动机	电动机不转	
8	断开断路器	低压断路器	可以正常断开	
9	整个过程	熔断器	熔断器不烧毁	
最终调试结果				

6.5 项目评价

请参照表 6-6，回顾本次项目实施过程，完成相应环节评分。

表 6-6 评分表

项目名称				
班级			姓名	
序号	环节	明细	配分/分	评分/分
1	任务引入（20分）	能够理解任务要求	5	
		可以积极自主查阅资料	5	
		能够回答引导问题	10	
2	仿真模拟（30分）	独立完成电气原理图的绘制	10	
		检查接线的正确性	5	
		正确控制各元器件动作顺序，完成电气原理图仿真	10	
		说出各元器件的作用	5	
3	硬件接线（30分）	正确选用元器件	10	
		独立完成接线	15	
		独立解决接线过程中遇到的各种问题	5	
4	小组展示（10分）	能够准确表达自己组所选用的物料	3	
		能够清楚表达电路的工作过程	5	
		表达语言流畅、思路清晰	2	
5	职业素养（10分）	能够规范用电	5	
		按 7S 标准操作	3	
		能够有团队协作意识	2	
总分/分			100	

思考与练习

一、判断题

1. 三相负载为星形连接时，总有 $U_L = \sqrt{3}\,U_P$ 的关系成立。　　（　　）

2. 三相对称负载为三角形连接时，线电流是相电流的 $\sqrt{3}$ 倍。　　（　　）

二、简答题

1. Y-△降压启动有没有自锁回路？如果有，试将回路包括的元器件画出。

2. 试画出电动机绕组三角形连接和星形连接的接法示意图。

三、拓展题

若Y-△电路的切换是通过时间继电器控制的，请画出电气原理图并说明工作过程。

项目7 电动机顺序启动控制电路

项目目标

素质目标

引导学生思考顺序的重要性，养成良好的工作习惯。

知识目标

❖ 掌握电动机保护的种类及所用到的元器件。

❖ 掌握电动机顺序启动的控制原理。

技能目标

能够独立排查并解决实物接线故障。

7.1 项目引入

在生产过程中，很多设备的启动是有顺序要求的。图 7-1 所示为 C6140 车床。当车床加工工件产生热量时，冷却电动机喷洒冷却液给工件和刀具降温，故一般是在主轴电动机启动后，冷却电动机才需要启动。现需要设计两台电动机顺序启动的电路，即只有当 M_1 启动后，M_2 才可以启动。任何一台电动机运转过程中，都可以同时停止。

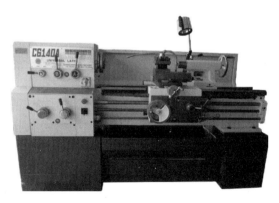

图 7-1 C6140 车床

提示：

本次项目是两台电动机的顺序启动，强调了一个先后的顺序。已经进行的几个项目中，项目实施步骤为什么要先设计电气原理图，然后仿真验证，接着是准备实物、检测性能、接线及接线检查、通电调试，能不能把哪个步骤位置调整一下？显然是不能的。

在做事时强调顺序也很重要，这样可以减少错误和混乱，提高工作效率。仔细想想，顺序在生活中到处都在体现，珍视顺序十分重要。

7.2 项目分析

本次项目应达到以下要求。

1）需要分别控制两台电动机启动和停止。

2）第一台电动机 M_1 启动后，第二台电动机 M_2 才能启动。

3）工作过程中，两台电动机可以同时停止。

问题引导：

1）两台电动机主电路是什么关系？

2）两台电动机控制回路该怎么设计？

7.3 相关知识

7.3.1 电动机保护

（1）短路保护

短路故障是三相异步电动机电气控制系统在运行时最常见的故障。电动机发生短路故障可能是电动机绕组和导线的绝缘损坏、误操作碰线等引起的。常用的短路保护电器有熔断器和断路器。

熔断器的工作原理：当线路中发生短路时，部分电能会转换为热量，使线路与熔断器工作温度上升，当温度超过一定值时，熔断体会自动熔断，从而切断电路来实现电路保护。

断路器的工作原理：当线路中流通过载电流或是电流值大于瞬时脱扣整定值时，电磁脱扣装置会产生较大的吸力，在反向弹簧力作用下控制锁扣分断主触点，切断电源来实现电路保护。

（2）过载保护

电路中，过载保护可以通过安装热继电器等保护器件实现。

当电动机处于过载运行状态或运行时间过长时，温度会随之升高，热继电器的双金属片发生形变。当工作温度超过额定允许值时，形变就达到一定距离，会推动连杆动作，使热继电器的辅助触点断开，使控制电路断开，从而使接触器工作线圈失电，主电路中的接触器触点断开，主电路断开，实现电动机的过载保护。

（3）失电压保护

三相异步电动机正常工作时，如果电源电压突然消失，则应在电源电压恢复时查看电动机是否正常启动，生产设备是否会出现损坏，如果不对电动机自行启动加以制止，将有可能出现人身事故。为了避免电压恢复时三相异步电动机自行启动或元器件自动投入工作而采取的保护措施就是失电压保护。

分析本次项目所绘制的电气原理图，是否可以实现失电压保护。当电压突然消失时，接触器工作线圈 KM$_1$ 和 KM$_2$ 都是失电的，当电压再次恢复时，控制回路和主回路都是断开的，三相电动机不会自行启动，即具有失电压保护功能。

7.3.2 电动机制动

根据电动机工作状态和使用要求的不同，电动机的制动方式多种多样，但总体分为机械制动和电气制动两大类。

（1）机械制动

机械制动常用的方法是电磁抱闸式。它利用电磁铁等机械构件在电动机通电时的吸力克服弹簧力，通过杠杆等传动件，将制动闸瓦与连接在电动机转子上的制动轮分开，使电动机转动；在电动机断电后，靠弹簧力将制动轮抱住，使电动机停转。

（2）电气制动

电气制动是指在电动机切断电源后，产生一个和电动机实际转向相反的电磁力矩，使电动机迅速停转的方法。其主要有反接制动、能耗制动、电容制动、回馈制动等。

1）反接制动。

反接制动电路如图 7-2 所示。停车时，将接入电动机的三相电源线中的任意两相对调，使电动机定子产生一个与转子转动方向相反的旋转磁场，从而获得所需的制动转矩，使转子迅速停止转动。

2）能耗制动。

在断开三相电源的同时，给电动机其中两相绕组通入直流电流，直流电流形成的固定磁场与旋转的转子作用，产生了与转子旋转方向相反的转矩，使转子迅速停止转动。图 7-3 所示为有变压器的单相桥式整流能耗制动电路。

3）电容制动。

图 7-4 所示为电容制动电路。电容制动是在电动机切断交流电源后，立即在定子绕组出线端中接入电容器，迫使电动机迅速停车的方法。该制动方式制

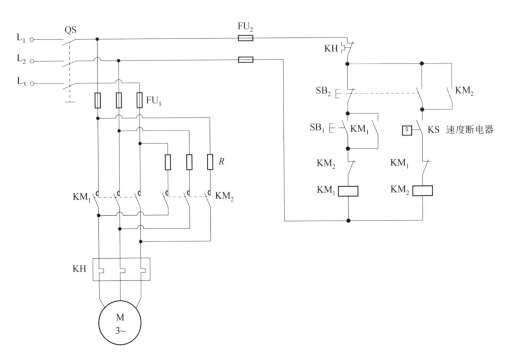

图 7-2　反接制动电路

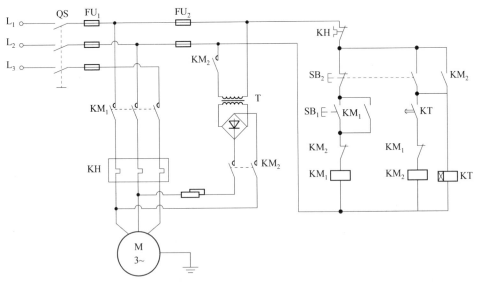

图 7-3　有变压器的单相桥式整流能耗制动电路

动迅速、能量损耗小、设备简单。

　　4）回馈制动。

　　当电动机转子的转速大于旋转磁场的转速时，旋转磁场产生的电磁转矩作用方向发生变化，由驱动转矩变为制动转矩。电动机进入制动状态，同时将外力作用于转子的能量转换成电能回送给电网。

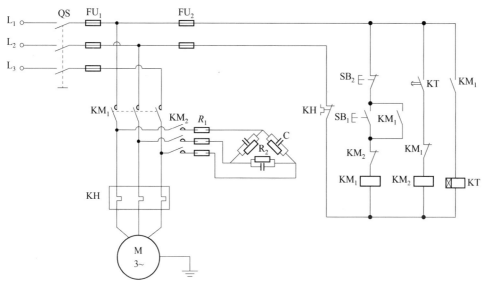

图 7-4　电容制动电路

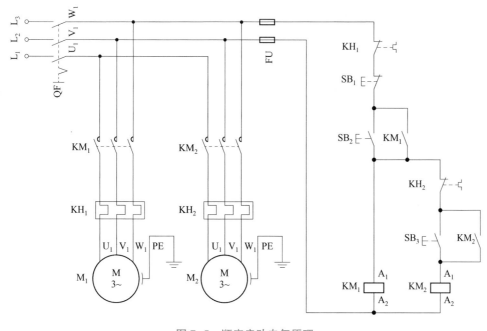

7.4　项目实施

7.4.1　绘制电气原理图

根据项目要求及项目分析，使用 CADe SIMU 软件绘制符合控制要求的电气原理图，可参考图 7-5。

图 7-5　顺序启动电气原理

7.4.2　电路仿真

按照实际电路动作顺序，使用软件模拟电路动作，各阶段的
电路状态如图 7-6 所示。

电路仿真

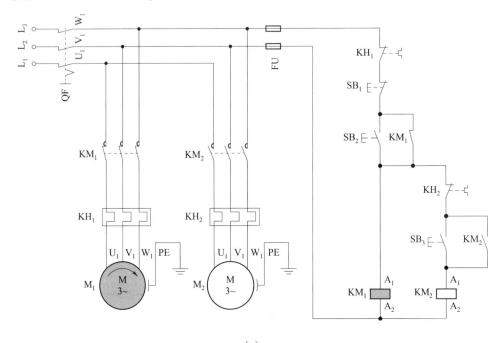

（a）

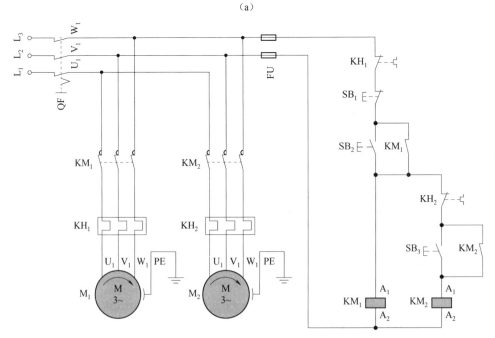

（b）

图 7-6　仿真验证

（a）按下 SB₂ 后；（b）按下 SB₃ 后

仿真过程及结果如下。

1）闭合断路器 QF，按下按钮 SB_3，两台电动机均无动作。

2）闭合断路器 QF，按下按钮 SB_2，电动机 M_1 启动。

3）闭合断路器 QF，按下按钮 SB_2，电动机 M_1 启动；按下按钮 SB_3，电动机 M_2 启动。

4）步骤3）后，按下按钮 SB_1，电动机 M_1 和电动机 M_2 都停止运转。

从仿真结果可看到，该电路可实现电动机 M_1 和 M_2 的顺序启动要求。

经过仿真验证，根据验证结果，完成表7-1内容的填写。

表7-1　元器件作用

序号	元器件名称	作用
1	SB_1	
2	SB_2	
3	SB_3	
4	KM_1	
5	KM_2	

7.4.3　物料准备

1）根据项目要求及电气原理图，准备所需物料，所需元器件如表7-2所示。

表7-2　物料明细

序号	物料名称	型号	数量	电气符号
1	低压断路器	NXB-63 D20	1	QF
2	熔断器	RT28-32X/2	1	FU
3	交流接触器	CJX2S-1810	2	KM_1，KM_2
4	按钮	LAY39	3	SB_1，SB_2，SB_3
5	热继电器	JR37-20	1	KH
6	电动机	Y132M-4	2	M_1，M_2
7	导线	颜色有区分	若干	—
8	接线盘	网孔盘	1	—
9	电工工具	通用	1套	—

2）检测各元器件规格是否符合要求，并检测各元器件功能是否正常，可在表7-3中记录检测过程及检测结果。

表 7-3　元器件检测记录表

序号	名称	检测过程	检测结果
1	低压断路器		
2	熔断器		
3	交流接触器		
4	按钮		
5	电动机		

7.4.4　硬件接线

根据绘制的仿真电路图和准备的物料，完成元器件布置、固定及硬件接线，接线示意如图 7-7 所示。

接线过程中遵照从上到下、从左到右的顺序接线，以防漏接线；导线接入元器件时要遵照上进下出的原则，以便线路有误时可以快速找到错误。

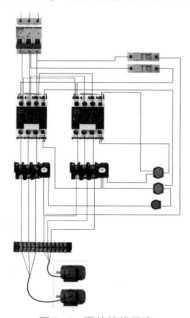

硬件接线

图 7-7　硬件接线示意

7.4.5　调试检验

（1）线路检查

接好线路后，首先进行接线检查，检查内容包括接线是否正确、是否牢固。对照电气原理图、硬件接线图，从电源端开始逐段核对，排除错接、漏接错误；用手摇动、拨拉接线端子上的导线，不允许有松脱现象。然后使用万用表按照线路检查方法进行检测，检查方法如表 7-4 所示。

表 7-4　万用表线路检查方法

序号	电路状态	检测项目	元器件动作	检查方法	正确结果	检测结果
1	闭合断路器	主回路	按下接触器 KM₁	分别测量从断路器进线端到 M₁ 电动机进线端的每根接线	导通	
				分别测量从断路器进线端到 M₂ 电动机进线端的每根接线的电阻值	∞	
2		控制回路		测量两个熔断器进线端的电阻值	KM₁ 线圈电阻值	
				按下 SB₁，测量两个熔断器进线端的电阻值	电阻值为 ∞	
3		主回路	松开接触器 KM₁	分别测量从断路器进线端到 M₁ 电动机进线端的每根接线的电阻值	电阻值为 ∞	
4		控制回路		测量两个熔断器进线端的电阻值	电阻值为 ∞	
				按下 SB₂，测量两个熔断器进线端的电阻值	KM₁ 线圈电阻值	
5		主回路	按下接触器 KM₂	分别测量从断路器进线端到 M₁ 电动机进线端的每根接线的电阻值	电阻值为 ∞	
				分别测量从断路器进线端到 M₂ 电动机进线端的每根接线的电阻值	导通	
6		控制回路		测量两个熔断器进线端	电阻值为 ∞	
				按下 SB₂，测量两个熔断器进线端的电阻值	KM₁ 与 KM₂ 并联电阻值	
7		主回路	松开接触器 KM₂	分别测量从断路器进线端到 M₂ 电动机进线端的每根接线的电阻值	电阻值为 ∞	
8		控制回路		测量两个熔断器进线端的电阻值	电阻值为 ∞	
9	断开断路器	主回路		分别测量从断路器进线端到 M₁ 电动机进线端的每根接线的电阻值	电阻值为 ∞	
				分别测量从断路器进线端到 M₂ 电动机进线端的每根接线的电阻值	电阻值为 ∞	

经检查，确认元件安装及接线正确，检查确保周围无杂物，无安全隐患后，方可进行下一步操作。

（2）通电调试

周围明显位置悬挂警示牌，经教师确认无误后，在教师在场的情况下进行通电调试。

调试过程同仿真验证过程一样，调试过程中注意观察各元器件动作状态是否正常，并在表7-5中做好记录。

表7-5　调试记录表

序号	操作	相关元器件	元器件对应动作	调试结果
1	闭合断路器	低压断路器	可以正常闭合	
2	按下按钮 SB$_2$	按钮 SB$_2$	按钮可正常按下	
		接触器 KM$_1$	接触器 KM$_1$ 吸合	
		电动机	电动机 M$_1$ 运转	
3	松开按钮 SB$_2$	按钮 SB$_2$	按钮可正常弹起	
		接触器 KM$_1$	接触器 KM$_1$ 保持吸合	
		电动机	电动机 M$_1$ 持续运转	
4	按下按钮 SB$_3$	按钮 SB$_3$	按钮可正常按下	
		接触器 KM$_1$，KM$_2$	接触器 KM$_1$ 不变 KM$_2$ 吸合	
		电动机	电动机 M$_1$，M$_2$ 均运转	
5	松开按钮 SB$_3$	按钮 SB$_3$	按钮可正常弹起	
		接触器 KM$_2$	接触器 KM$_2$ 保持吸合	
		电动机 M$_1$，M$_2$	电动机 M$_1$，M$_2$ 均持续运转	
6	按下并松开 SB$_1$	按钮 SB$_1$	按钮可正常按下和弹起	
		接触器 KM$_1$	接触器 KM$_1$ 断开	
		接触器 KM$_2$	接触器 KM$_2$ 断开	
		电动机 M$_1$	电动机 M$_1$ 停转	
		电动机 M$_2$	电动机 M$_2$ 停转	
7	断开断路器	低压断路器	可以正常断开	
8	整个过程	熔断器	熔断器不烧毁	
最终调试结果				

7.5　项目评价

请参照表7-6，回顾本次项目实施过程，完成相应环节评分。

表 7-6 评分表

序号	环节	明细	配分/分	评分/分
	项目名称			
	班级		姓名	
1	项目引入 （20分）	能够理解项目要求	5	
		可以积极自主查阅资料	5	
		能够回答引导问题	10	
2	仿真模拟 （30分）	独立完成电气原理图的绘制	10	
		检查接线正确性	5	
		正确控制各元器件动作顺序，完成电气原理图仿真	10	
		说出各元器件的作用	5	
3	硬件接线 （30分）	正确选用元器件	10	
		独立完成接线	15	
		独立解决接线过程中遇到的各种问题	5	
4	小组展示 （10分）	能够准确表达本组所选用的物料	3	
		能够清楚表达电路的工作过程	5	
		表达语言流畅、思路清晰	2	
5	职业素养 （10分）	能够规范用电	5	
		做事有计划、有安排	5	
		总分/分	100	

思考与练习

1. 试设计电路，让两台电动机按先 M_1 后 M_2 的顺序启动，按先停 M_2 再停 M_1 的顺序停止。

2. 电动机保护有哪些形式？如何实现？

3. 电气制动包括哪些内容？举例说明。

4. 阐述电气故障线路检查的一般步骤。

项目 8　数控维护与维修考核装置刀库系统分析

项目目标

素质目标

培养学生爱岗敬业的职业精神。

知识目标

理解项目代号的表示方法。

能力目标

❖ 能够读懂图纸中主回路和控制回路的组成。

❖ 能够说出刀库系统的工作原理。

8.1　项目引入

现有一套亚龙 YL-59A 数控维护与维修考核装置（见图 8-1），无法完成自动换刀动作，需要根据已有的图纸，排查故障原因。

图 8-1　亚龙 YL-59A 数控维护与维修考核装置

数控机床是现代制造业的核心设备，在生产中扮演着越来越重要的角色。有效的维护与维修，可以确保数控机床处于良好的工作状态，从而降低故障停机时间，提高设备效率，延长机床使用寿命。

作为数控机床维护与维修相关人才，除需要具备相关基础知识外，还需要具备多种能力和素养，如专业技能、实践经验积累、团队协作沟通、问题解决能力、良好的职业操守等。

8.2 项目分析

本项目是查找刀库系统无法完成自动换刀动作的故障原因，并排除故障。要想排除故障，需要先了解换刀工作原理及读懂设备图纸。

问题引导：

1) 有哪些常用低压电器？写出对应的文字符号和器件名称并回忆其功能。

2) 可能会出现故障的地方有哪些？

3) 计划怎么做？

8.3 相关知识

8.3.1 项目代号

按照《工业机械电气设备电气图、图解和表的绘制》（JB/T 2740—2015）有关项目代号的规定，项目代号是用以识别图、图表、表格中和其他技术文件及设备上的项目种类，并提供项目的层次关系、实际位置等信息的一种特定的代码。

该套设备图纸采用"项目代号四段标志法"，由特定的前缀符号、字母、阿拉伯数字按照一定规则组合而成。

第一段是高层代号，格式为=□□□，从左向右依次为前缀符号、高层代号字母、不同层次数字编号、相同层次细分编号。高层代号字母 C 表示总体设计布局及安排，接线板互连图；D 表示电源系统、交流驱动系统；N 表示直流控制系统；P 表示交流控制系统。例如，=D00 表示电源系统 00 号。

第二段是位置代号，前缀符号为+，如+A1，表示 A1 区。

第三段是种类代号，前缀符号为-，如-QF1，表示低压断路器。

第四段是端子代号，前缀符号为:，如:10，表示 10 号端子。

有关位置代号，图中每个符号或元件的位置可以用代表行的字母、代表列的数字或代表区域的字母数字组合来表示。必要时还须注明图号、张次，也可引用项目代号，如表 8-1 所示。当符号或元件的分区代号与实际设备的其他代号有可能混淆时，则分区代号应写在括号内。

表 8-1 位置标记的应用示例

符号或元件位置	标记写法
同一张图上的 B 行	B
同一张图上的 3 列	3
同一张图上的 B3 区	B3
具有相同图号的第 34 张图的 B3 区	34/B3
图号为 4568 单张图的 B3 区	图 4568/B3
图号为 5769 的第 34 张图上的 B3 区	图 5769/34/B3
=S1 系统多张图第 34 张的 B3 区	=S1/34/B3

在图 8-2 中，D01 系统中 C4 区的断路器 QF_3，可以表示为 $=D02+C4-QF_3$，其中 $=D02$ 是高层代号，即刀库系统；$+C4$ 是位置代号，即图纸的 C4 区；$-QF_3$ 是种类代号，即断路器 QF_3。

8.3.2 刀库系统分析

该设备的刀库是斗笠式刀库，在换刀过程中需要刀库可以正转和反转，以找到所需刀具。翻阅刀库电动机有关电路图纸，部分图纸如图 8-2 和图 8-3 所示。

图 8-2 中图纸的项目代号在标识区，可以看到是 D01/4，即表示 D01 的第 4 张图纸刀库主电路图，共有两台电动机，分别是刀库电动机和排屑电动机。

电路连接关系：D01/1 图纸的 B9 区三相电→L_{11}，L_{12}，L_{13}→QF_3→KM_2（正转）或 KM_3（反转）→XT_1 的 56，57，58 引脚→航插 XS_{11}→刀库电动机；D01/1 图纸的 B9 区三相电→QF_4→KM_4 或 KM_5→XT_1 的 4，5，6 引脚→航插 XS_{11}→排屑电动机。控制刀库电动机工作的接触器 KM_2 和 KM_3 的线圈在 P02/2 图纸的 D4 区和 D7 区。

图 8-3 中图纸的项目代号在标识区，可以看到是 P02/2，即表示 P02 的第 2 张图纸刀库控制电路图，有刀库正转和刀库反转控制电路。

控制电路电源取自 P02/1 图纸 B9 区的 110 V 交流电。由中间继电器 KA_{12} 的常开触点、刀库反转接触器 KM_3 的常闭触点（形成互锁）、刀库正转的线圈 KM_2 形成刀库正转控制回路。由中间继电器 KA_{13} 的常开触点、刀库正转接触器 KM_2 的常闭触点（形成互锁）、刀库反转的线圈 KM_3 形成刀库反转控制回路。

接触器 KM_2，KM_3 的主触点和常闭辅助触点所在位置，也可在图纸下方看到。KM_2 的主触点在 D01/4 图纸的 D4 区，常闭辅助触点在 P02/2 图纸的 C7 区；KM_3 的主触点在 D01/4 图纸的 D5 区，常闭辅助触点在 P02/2 图纸的 C4 区。

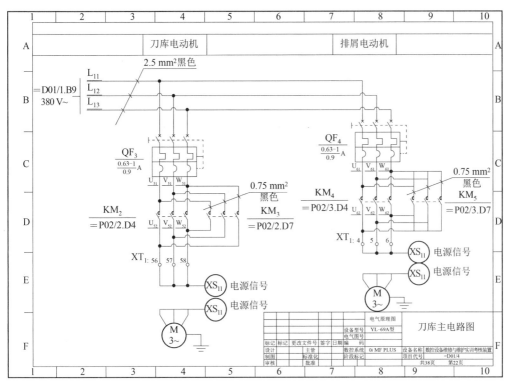

图 8-2　刀库主电路图

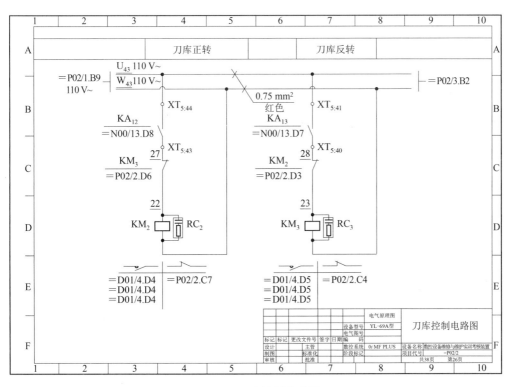

图 8-3　刀库控制电路图

8.4 项目实施

请在表 8-2 中记录查找故障的过程。

表 8-2 故障查找记录表

步骤	内容	结论

8.5 项目评价

请参照表 8-3，回顾本次项目实施过程，完成项目评分。

表 8-3 评分表

项目名称					
班级				姓名	
序号	环节	完成情况		配分/分	评分/分
1	项目引入 （20分）	能够理解项目要求		5	
		可以积极自主查阅资料		5	
		能够回答引导问题		10	
2	图纸分析 （30分）	能够读懂图纸		15	
		能够理解工作原理		15	
3	故障排查 （40分）	能够结合图纸找到对应元器件		10	
		能够找到故障原因		15	
		能够解决故障		15	
4	职业素养 （10分）	能够规范用电		5	
		操作符合 7S 要求		5	
总分/分				100	

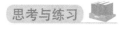

思考与练习

试根据图 8-2 的主电路图和图 8-4 的排屑控制电路图，分析排屑电动机的工作电路。

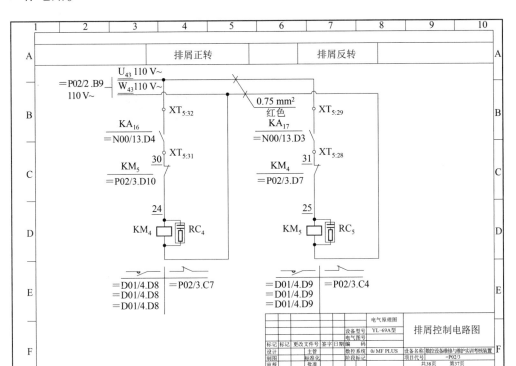

图 8-4　排屑控制电路图

项目 9　CA6140 型车床故障排查

项目目标

素质目标

培养学生分析问题，解决问题的能力。

知识目标

❖ 了解车床的功能及结构。

❖ 熟悉 CA6140 型车床主电路和控制电路的工作原理。

技能目标

❖ 能够对主拖动电动机、冷却泵电动机、刀架快速移动电路的典型故障进行理论分析。

❖ 能够按照机床电气检修的一般步骤分析和排除一些简单控制电路的故障。

9.1　项目引入

实训加工中心的一台 CA6140 型车床（见图 9-1），主拖动电动机不能启动。现需要解决该问题，保证车床主拖动电动机可运转。

图 9-1　CA6140 型车床

9.2 项目分析

本项目需要排查车床的故障原因，排除故障，将车床恢复正常。要想完成本项目，需要对车床的结构、排查故障的步骤、车床的电气原理图等内容有一定的了解。

9.3 相关知识

9.3.1 车床的结构

车床是一种应用极为广泛的金属切削机床，主要加工对象是回转体零件，加工内容包括车外圆、车端面、切断、车槽、钻中心孔、车孔、车螺纹等。车床主要由床身、主轴箱、进给箱、溜板箱、刀架、丝杠和尾架等部分组成。图 9-2 所示为 CA6140 型普通车床的结构示意，因其主轴以水平方式放置，故称为卧式车床。

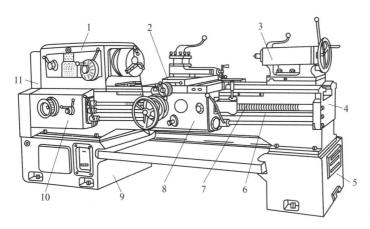

图 9-2　CA6140 型普通车床的结构示意
1—主轴箱；2—刀架；3—尾座；4—床身；5，9—床腿；6—光杠；
7—丝杠；8—溜板箱；10—进给箱；11—挂轮

主轴箱又称床头箱，主要任务是将主电动机传来的旋转运动经过一系列的变速机构转变为主轴所需的正反两种转向的不同转速，同时主轴箱分出部分动力将运动传给进给箱。主轴箱中的主轴是车床的关键零件。主轴在轴承上运转的平稳性直接影响工件的加工质量，一旦主轴的旋转精度降低，机床的使用价值就会降低。

进给箱又称走刀箱，进给箱中装有进给运动的变速机构，调整其变速机构，可得到所需的进给量或螺距，通过光杠或丝杠将运动传至刀架以进行切削。

丝杠与光杠用来连接进给箱与溜板箱，并把进给箱的运动和动力传给溜板箱，转变为溜板箱的纵向直线运动。丝杠是专门用来切削各种螺纹的，工件的其他表面车削时，只用光杠，不用丝杠。

溜板箱是车床进给运动的操作箱，内装有将光杠和丝杠的旋转运动转变为刀架直线运动的机构，通过光杠传动实现刀架的纵向进给运动、横向进给运动和快速移动，通过丝杠带动刀架做纵向直线运动，以便车削螺纹。

刀架部分由几层刀架组成，它的功能是装夹刀具，使刀具做纵向、横向或斜向进给运动。

尾座可以安装作定位支撑用的后顶尖，也可以安装钻头、铰刀等孔加工刀具来进行孔加工。

CA6140 型普通车床型号的含义如图 9-3 所示。

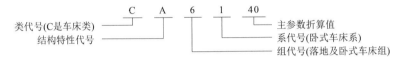

图 9-3　CA6140 型普通车床型号的含义

9.3.2　CA6140 车床电气图分析

图 9-4 所示为 CA6140 型普通车床的电气控制电路，可分为主电路、控制电路及照明电路部分。

（1）主电路

三相交流电源经总熔断器 FU_1、断路器 QF 引入主电路。主电路中共有三台电动机，分别是主轴电动机 M_1（用以实现主轴旋转和进给运动）、冷却泵电动机 M_2 和刀架快速移动电动机。

1）电动机启动与停止。

三台电动机均为三相异步电动机，容量小于 10 kW，全部采用全压直接启动。主轴电动机 M_1 由交流接触器 KM_1 控制启停，冷却泵电动机 M_2 由交流接触器 KM_3 控制启停，刀架快速移动电动机 M_3 由交流接触器 KM_2 控制启停。三台电动机均为单方向旋转运行。

2）电动机保护。

主轴电动机 M_1 的短路保护由断路器 QF 的电磁脱扣器来实现，而冷却泵电动机 M_2 和刀架快速移动电动机 M_3 由熔断器 FU_2 来实现短路保护。主轴电动机 M_1 和冷却泵电动机 M_2 的过载保护分别由热继电器 KH_1、KH_2 保护，由于刀架快速移动电动机是短时工作，故未设过载保护。

（2）控制电路

控制电路的电源由变压器 TC 二次侧输出 110 V 交流电提供，采用 FU_5 做短路保护。

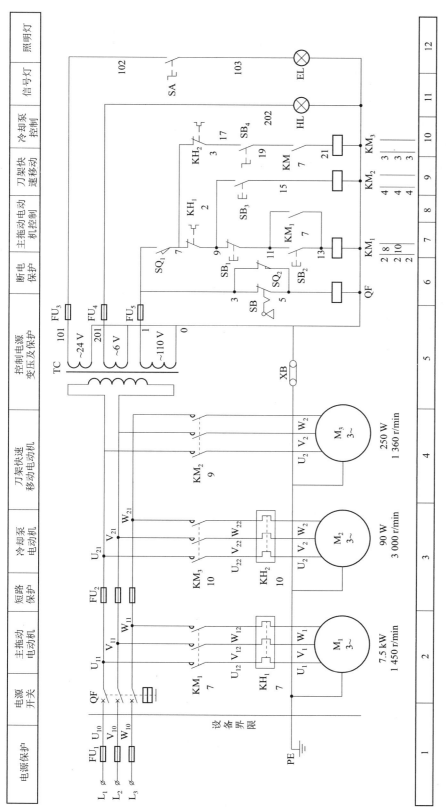

图 9-4 CA6140 型普通车床的电气控制电路

1）断电保护部分。

SB 为钥匙开关，SQ_2 为配电盘壁龛门位置开关。SB 和 SQ_2 在正常工作时是断开的，QF 线圈不通电，主电路中的断路器 QF 能合闸；打开配电盘壁龛门时，SQ_2 闭合，QF 线圈通电，主电路中的断路器 QF 自动断开。

2）主拖动电动机控制部分。

SQ_1 为床头皮带罩位置开关，正常工作时 SQ_1 的常开触点闭合；打开床头皮带罩后，SQ_1 断开，切断控制电路电源，以确保人身安全。

启动按钮 SB_2 和接触器辅助常开触点 KM 并联，组成自锁电路，主拖动电动机可以持续运转。按下启动按钮 SB_2，接触器 KM_1 的线圈得电，主电路中的接触器常开主触点 KM_1 闭合，主轴电动机 M_1 启动运行。同时，控制回路中与启动按钮 SB_2 并联的辅助常开触点 KM_1 闭合；松开 SB_2 后，辅助常开触点 KM_1 与线圈 KM_1 构成自锁电路，保证接触器 KM_1 的线圈持续得电，主回路电动机持续运转。

按下停止按钮 SB_1，接触器 KM_1 的线圈失电，主回路中的接触器常开主触点 KM_1 断开，主轴电动机停转。

若主轴电动机 M_1 过载，串联在控制电路中的热继电器常闭触点 FR_1 断开，接触器 KM_1 的线圈失电，主电路中的接触器常开主触点 KM_1 断开，主轴电动机停转。

3）刀架快速移动电动机控制部分。

刀架快速移动电动机的启动是由安装在进给操作手柄顶端的按钮 SB_3 来控制的，它与接触器 KM_2 组成点动控制环节。按下按钮 SB_3，接触器 KM_2 的线圈得电，在刀架快速移动电动机主回路中的接触器 KM_2 主触点闭合，刀架快速移动电动机接通电源，开始运转；松开按钮 SB_3，接触器 KM_2 的线圈失电，在刀架快速移动电动机主回路中的接触器 KM_2 主触点断开，刀架快速移动电动机断开电源，停止运转。

4）冷却泵控制部分。

冷却泵控制部分由热继电器 FR_2 的辅助常闭触点、旋钮开关 SB_4、主拖动电动机控制接触器 KM 的辅助常开触点、接触器 KM_3 的线圈串联组成。

在主拖动电动机启动后，合上旋钮开关 SB_4，接触器 KM_3 的线圈得电，冷却泵主回路中接触器 KM_3 主触点闭合，冷却泵电动机 M_2 接通电源，开始运行；断开旋钮开关 SB_4，接触器 KM_3 的线圈失电，冷却泵主回路中接触器 KM_3 主触点断开，冷却泵电动机 M_2 断开电源，停止运行。

注意：在主拖动电动机启动前，冷却泵电动机是无法启动的。只有在主拖动电动机启动后，冷却泵电动机才可以启动。另外，在主拖动电动机停止后，冷却泵电动机也无法再启动。

（3）照明电路部分

照明电路部分主要有信号灯 HL 和照明灯 EL。

信号灯 HL 的电源由变压器 TC 二次侧输出 6 V 电压提供，采用 FU$_4$ 做短路保护，合上断路器 QF，信号灯 HL 即会点亮。

照明灯 EL 的电源由变压器 TC 二次侧输出 24 V 电压提供，采用 FU$_3$ 做短路保护，合上断路器 QF、闭合开关 SA，照明灯 EL 才会点亮。

9.3.3 电气故障检修的一般步骤

（1）观察故障现象

同一类故障可能有不同的故障现象，不同类故障可能有相同的故障现象。由于故障现象是检修电气故障的基本依据，是电气故障检修的起点，因而要对故障现象进行仔细观察、认真分析，找出故障现象中最主要、最典型的方面，搞清故障发生前的操作、出现的异常情况等。

（2）分析故障原因

根据故障现象，结合设备的结构、电气原理图、工作过程等信息，分析故障产生的原因，确定引起故障的大致范围。

（3）寻找故障点

在确定的故障范围里，先动脑建立检修方案，然后采用具体检查方法来缩小故障范围，依靠边检查边分析的形式将故障最终确定。故障点可能是电路的短路点、损坏的元器件等。

（4）排除故障

根据确定的故障点进行修复或更换元器件，排除故障。有时故障可能不止一处，故障排除后要进行试运行，确保所有的故障均已排除。

9.3.4 电气故障检修的方法

电气故障的检修，一方面要根据具体故障进行具体分析，另一方面也要采用适当的检修方法。

（1）直观法

通过"问、看、听、摸、闻"来发现异常情况，从而确定故障电路和故障所在部位。

1）"问"。

对于有故障的电气设备，不应急于动手，应先询问产生故障的前后经过及故障现象，如故障发生时是否有异常声音或振动，有没有冒烟、冒火等现象。

2）"看"。

看各元器件的外观情况。如看触点是否有烧毁、氧化；热继电器是否脱扣；导线和线圈是否烧焦等。

3）"听"。

"听"主要是听有关元器件的工作声音是否有差异。如接触器线圈得电后是否噪声很大，电动机启动是否只有"嗡嗡"声响而不转等。

4）"摸"。

断开电源，用手触摸或轻轻推拉导线及电器的某些部位，观察是否有异常变化。如摸电动机表面，感觉温度是否过高；轻拉导线，看连接是否松动等。

5）"闻"。

断开电源，将鼻子靠近元器件处，闻闻是否有焦味。如有焦味，则表明电器绝缘层已被烧坏，需要查找原因。

（2）测量电压法

测量电压法是通过检测控制线路各接线点之间的电压来判断故障的方法。根据电器的供电方式，测量各点的电压值并与正常值比较，具体可分为分阶测量法和分段测量法。

电压分阶测量法（见图9-5）在测量时，将万用表的一支表笔固定在控制电路的一端（一般为0号线端），另一支表笔逐阶测量其他线号间的电压，当测量到某相邻两阶的电压值突然为0时，则说明该跨接点为故障点。

电压分段测量法（见图9-6）是用万用表测量两个线号间的电阻值，当测量到某相邻两线号的电压值突变为控制电路电压时，则说明该跨接点为故障点。

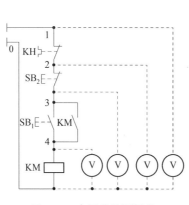

图9-5　电压分阶测量法

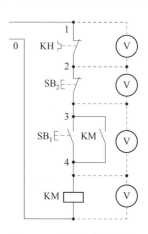

图9-6　电压分段测量法

（3）测电阻法

测电阻法是测量电路在不同状态下各点间的电阻值，分为分阶测量法和分断测量法。

（4）置换元件法

某些电路的故障原因不易确定或检查时间过长时，为了保证电气设备的利用率，可转换同一性能良好的元器件试验，以证实故障是否由此电器引起。

运用置换元件法检查时应注意，在把原电器拆下后，要认真检查是否已经损坏。只有肯定是由于该电器本身因素造成损坏时，才能换上新电器，以免新换元器件再次损坏。

（5）短接法

短接法是用一根良好绝缘的导线，将所怀疑的断路部位短路接起来，如短接到某处，电路工作恢复正常，则说明该处断路。按具体操作可分为局部短接法和长短接法。

9.4 项目实施

项目实施参照 9.3.3 节和 9.3.4 节进行，注意结合 9.3.2 节的车床电气图，进行逐步分析排查。

在动手前先动脑，确定检查方案，可在表 9-1 中进行记录。

表 9-1　检查方案

序号	内容	可能故障点	检查方法	检查结果
1	主电路			
2	控制电路			
3	其他			

9.5 项目评价

对项目完成情况进行评价，评分表如表 9-2 所示。

表 9-2　评分表

序号	评价内容	评分标准	配分/分	评分/分
1	分析问题能力	故障分析、排除故障思路不正确扣 5~10 分	20	
		不能确定最小故障范围扣 15 分		
2	解决问题能力	工具及仪表使用不当，每次扣 10 分	40	
		检查故障的方法不正确扣 10 分		
		排除故障顺序不合理扣 10 分		
		查出故障但不能排除扣 20 分		
		损坏元器件，每只扣 5~10 分		
3	安全文明生产	违反安全操作规范，如劳保穿戴不规范等扣 10 分	40	
	总分/分		100	

思考与练习

结合车床电气控制电路图，分析其他常见故障可能的原因及处理方法，填入表9-3中。

表 9-3　其他常见故障分析

序号	故障现象	故障原因	处理方法
1	主拖动电动机启动后不能自锁		
2	主拖动电动机不能停止		
3	刀架快速移动电动机不能启动		
4	照明灯不亮		

第3部分

气压传动

项目 10　认识气动换向回路

项目目标

素质目标

知道正确奋斗方向的重要性。

知识目标

❖ 了解气压传动系统的组成。

❖ 认识气源处理三联件、气缸及其在气压传动系统中的作用。

❖ 知道方向控制阀的种类及工作原理。

技能目标

❖ 能够分析简单的换向回路。

❖ 能够合理选择换向阀。

❖ 能够合理选择气动执行元件。

10.1　项目引入

　　自动换刀系统是加工中心上必不可少的部分，由刀库和换刀装置组成。图 10-1 所示为常见的机械手自动换刀装置。换刀工作过程为换刀装置收到换刀指令后，主轴停转，并向上滑动至换刀点；新刀随着刀库运动到换刀位置；机械手抓住新旧刀具的刀柄，自动夹紧机构松开刀具，机械手同时拔出两把刀具；向主轴锥孔吹气，吹走可能残留的铁屑；机械手反转 180°，将新旧两把刀分别旋转到位，机械手插刀，刀具自动夹紧机构夹紧刀具；机械手复位。

图 10-1　常见的机械手自动换刀装置

　　现需要设计自动换刀装置换刀时，机械手拔刀和插刀动作的气动控制回路。

10.2 项目分析

自动换刀装置完成换刀动作需要多个步骤，本项目只提出实现拔刀和插刀功能，未对其他动作提出要求，故相对来说较为简单。具体分析如下。

1）拔刀和插刀两个动作均是直线动作，对于气动执行元件，可以选择气缸。

2）拔刀是向下的运动方向，插刀是向上的运动方向，需要控制两个相反方向的动作，气缸可以选择双作用气缸。

问题引导：

1）气压传动系统由哪几部分组成？

2）气压传动系统有什么特点？主要应用的场合有哪些？

10.3 相关知识

10.3.1 气压传动系统的组成

气压传动系统由气源装置、气动执行元件、气动控制元件、气动辅助元件等部分组成。

（1）气源装置

压缩空气站是气压系统的动力源装置。气压传动系统所使用的压缩空气必须经过干燥和净化处理后才能使用，因此，一般的压缩空气站除空气压缩机外，还必须设置过滤器、后冷却器、油水分离器和储气罐等净化装置。气源处理三联件如图 10-2 所示，包括空气减压阀、过滤器、油雾器，它为气动设备提供干燥、稳定的气源以及很好的润滑，对气动设备起保护作用。

图 10-2　气源处理三联件

（2）气动执行元件

气动执行元件是将气体能转换成机械能以实现往复运动或回转运动的执行元件。实现直线往复运动的气动执行元件称为气缸；实现回转运动的称为气动马达。其外形如图 10-3 所示。

图 10-3　气动执行元件

（3）气动控制元件

气动控制元件通常是指各种阀，其在回路中起控制和调节压缩空气的压力、流量、流动方向，以及发送信号等作用。其按功能和用途可分为方向控制阀、压力控制阀和流量控制阀。

（4）气动辅助元件

由于大气中混有灰尘、水蒸气等杂质，因此由大气压缩而成的压缩空气必须经过降温、净化、稳压等一系列处理方可供给系统使用。这就需要在空气压缩机出口管路上安装一系列辅助元件，如冷却器、油水分离器、过滤器、干燥器、气罐等。此外，为了提高气压传动系统的工作性能，改善工作条件，还需要用到其他辅助元件，如油雾器、转换器、消声器等。

10.3.2　气源

空气压缩机（见图 10-4）是气动系统的动力源，它把电动机输出的机械能转换成气压能输送给气动系统。一般在气动系统中连接方式为空气压缩机（空压机）→气源处理器（气源处理三联件）→控制元件→执行元件。

图 10-4　空气压缩机

10.3.3　气缸

气缸是气动系统中应用最多的一种执行元件，根据使用条件不同，其结构、形状也有多种形式。按压缩空气对活塞端面作用力的方向分单作用气缸和双作用气缸，其中单作用气缸只有一个方向的运动是气压传动，活塞靠弹簧力或自重复位，双作用气缸的往返运动全靠压缩空气来完成。图 10-5（a）所示为单作用气缸，图 10-5（b）所示为双作用气缸。

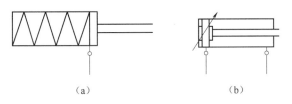

（a）　　　　　　　　　　　（b）

图 10-5　气缸图形符号

（a）单作用气缸；（b）双作用气缸

10.3.4 方向控制阀

方向控制阀按阀芯结构不同可以分为滑柱式换向阀、截止式换向阀、平面式换向阀、旋塞式换向阀和膜片式换向阀；按其控制方式不同可以分为电磁换向阀、气动换向阀、机动换向阀和手动换向阀；按其作用特点可以分为单向型控制阀和换向型控制阀。接下来按其作用特点分类介绍。

(1) 单向型控制阀

1) 单向阀。

气流是只能向一个方向流动而不能反向流动的阀，在阀芯和阀座之间有一层胶垫，起密封作用。图 10-6 所示为单向阀的结构和符号，气体从阀体右端的 P 通口流入时，克服弹簧作用在阀芯上的力，使阀芯向左移动，打开阀口，并通过阀芯上的径向孔、轴向孔从阀体左端的 A 通口流出；但是气体从阀体左端的 A 通口流入时，气体和弹簧力一起使阀芯压紧在阀座上，使阀口关闭，气体无法通过。

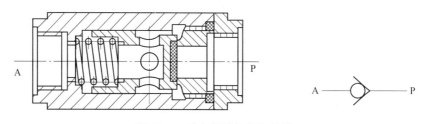

图 10-6　单向阀的结构和符号

2) 梭阀。

梭阀相当于两个单向阀反向串联的组合阀，由于阀芯像织布梭子一样来回运动，因而称为梭阀。在气压传动系统中，当两个通路 P_1 和 P_2 均与通路 A 相通，而不允许 P_1 与 P_2 相通时，就要采用梭阀。

图 10-7 所示为梭阀的结构、工作原理及其图形符号。当通路 P_1 进气时，将阀芯推向右边，通路 P_2 被关闭，于是气流从 P_1 进入通路 A，如图 10-7 (b) 所示，反之，气流则从 P_2 进入 A，如图 10-7 (c) 所示；当 P_1、P_2 同时进气时，哪端压力高，A 就与哪端相通，另一端就自动关闭。图 10-6 (d) 所示为梭阀的图形符号。

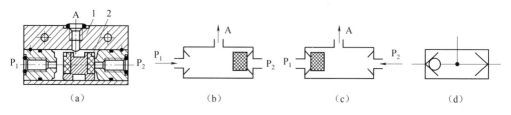

(a)　　　　　　(b)　　　　　　(c)　　　　　　(d)

图 10-7　梭阀的结构、工作原理及其图形符号

(a) 结构；(b)、(c) 工作原理；(d) 图形符号

3）双压阀。

双压阀相当于两个单向阀的组合，只有当两个输入口 P_1，P_2 同时进气时，A 口才有输出。当 P_1 或 P_2 单独有输入时，阀芯被推向右端或左端，此时 A 口无输出；只有当 P_1 和 P_2 同时有输入时，A 口才有输出。当 P_1 和 P_2 气体压力不等时，则气压低的通过 A 口输出。图 10-8 所示为双压阀的工作原理及图形符号。

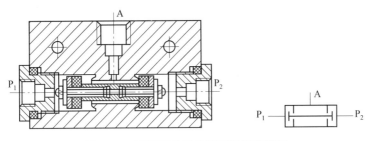

图 10-8　双压阀的工作原理及图形符号

4）快速排气阀。

快速排气阀是为加快气缸运动速度作快速排气用的，简称快排阀。通常气缸排气时，气体是从气缸经过管路由换向阀的排气口排出的。如果从气缸到换向阀的距离较长，而换向阀的排气口又小时，则排气时间较长，气缸运动速度较慢。此时，若采用快速排气阀，则气缸内的气体就能直接由快速排气阀排往大气中，加速气缸的运动速度。

图 10-9 所示为快速排气阀的工作原理及图形符号。当进气口 P 进入压缩空气时，将密封活塞迅速上推，开启阀口 2，同时关闭排气口 1，使进气口 P 与 A 口相通；当 P 口没有压缩空气进入时，在 A 口和 P 口压差作用下，密封活塞迅速下降，关闭 P 口，使 A 口通过阀口 1 经 O 口快速排气。

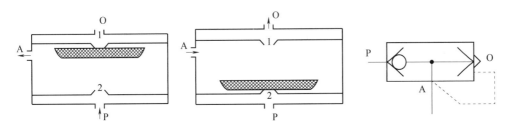

图 10-9　快速排气阀的工作原理及图形符号

（2）换向型控制阀

换向型控制阀，简称换向阀，是通过改变气体通道使气体流动方向发生变化，从而改变气动执行元件的运动方向的。换向阀根据阀芯相对于阀体运动的操纵方式不同分为气压控制换向阀、电磁控制换向阀、机械控制换向阀、人力控制换向阀和时间控制换向阀。本部分选取电磁控制换向阀来介绍。

电磁控制换向阀由电磁铁控制部分和主阀两部分组成，按控制方式不同分为电磁铁直接控制式电磁阀（又称直动式电磁阀）和先导式电磁阀两种。

1）直动式电磁阀。

直动式电磁阀是由电磁铁的衔铁直接推动换向阀阀芯换向的阀。若阀芯的移动靠电磁铁，而复位靠弹簧，则称为单电磁铁换向阀（见图10-10），其换向冲击较大，一般只制成小型阀。若阀芯的移动和复位均靠电磁铁，则称为双电磁铁换向阀（见图10-11），这种阀的两个电磁铁只能交替得电工作，不能同时得电，否则会产生误动作。

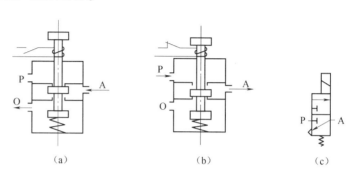

（a）　　　　　　　（b）　　　　　　　（c）

图 10-10　单电磁铁换向阀

（a）常态；（b）电磁铁通电时工作状态；（c）职能符号

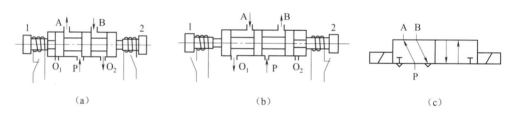

（a）　　　　　　　　（b）　　　　　　　　（c）

图 10-11　双电磁铁换向阀

（a）左位工作状态；（b）右位工作状态；（c）职能符号

按阀芯工作时在阀体中所处的位置，电磁阀有二位和三位等；按换向阀所控制的通路数不同有二通、三通、四通和五通等。对于三位阀，阀芯在中间位置时，可形成不同的气体流动状态，类似于液压换向阀的中位机能。当阀芯处于中间位置时，各通口呈封闭状态，称为中位封闭式阀；若出口与排气口相通，则称为中位泄压式阀；若出口与进口相通，则称为中位加压式阀；若在中泄式阀的两个出口内装上单向阀，则称为中位止回阀。

图 10-12 所示为三位五通双电磁铁换向阀，阀芯处于中间位置时，各通口呈封闭状态，为中位封闭式阀。当左侧电磁铁 7YA 通电时，阀芯处于左位，中下跟左上回路导通进气，右上和右下通口排气；当右侧电磁铁 8YA 通电时，阀芯处于右位，中下跟右上回路导通进气，左

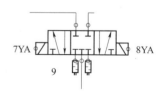

图 10-12　三位五通双电磁换向阀

上和左下导通排气。

2）先导式电磁阀。

由电磁铁首先控制从主阀气源节流出来的一部分气体产生先导压力，去推动主阀阀芯换向的阀类，称为先导式电磁阀。该先导控制部分，实际上是一个电磁阀，称为电磁先导阀，由它所控制用以改变气流方向的阀，称为主阀。先导式电磁阀也有单电磁铁控制和双电磁铁控制两种，图 10-13 所示为双电磁铁控制的先导式电磁阀的工作原理及其职能符号，图 10-13 中主阀为二位阀。

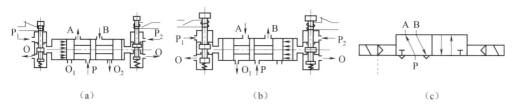

图 10-13　双电磁铁控制的先导式电磁阀的工作原理和符号

(a) 左位工作；(b) 右位工作；(c) 职能符号

10.3.5　辅助元件

由于大气中混有灰尘、水蒸气等杂质，因此由大气压缩而成的压缩空气必须经过降温、净化、稳压等一系列处理方可供给系统使用。这就需要在空气压缩机出口管路上安装一系列辅助元件，如冷却器、油水分离器、过滤器、干燥器、气罐等。此外，为了提高气压传动系统的工作性能，改善工作条件，还需要用到其他辅助元件，如油雾器、转换器、消声器等。

（1）空气过滤器

空气中所含的杂质和灰尘，若进入机体和系统中，将加剧相对滑动件的磨损，加速润滑油的老化，降低密封性能，使排气温度升高，功率损耗增加，从而使压缩空气的质量大为降低。因此空气在进入压缩机之前，必须经过空气过滤器过滤，以滤去其中所含的灰尘和杂质。图 10-14 所示为空气过滤器的图形符号。

（2）油雾器

油雾器以压缩空气为动力，将润滑油喷射成雾状并混合于压缩空气中，使该压缩空气具有润滑气动元件的能力。图 10-15 所示为油雾器的图形符号。

图 10-14　空气过滤器的图形符号　　　　图 10-15　油雾器的图形符号

（3）消声器

气压传动装置的噪声一般都比较大，尤其是当压缩气体直接从气缸或阀中排向大气时，较高的压差使气体体积急剧膨胀，产生涡流，引起气体的振动，发出强烈的噪声。为消除这种噪声应安装消声器。消声器是指能阻止声音传播而允许气流通过的一种气动元件，图 10-16 所示为阻性消声器的图形符号。

图 10-16　阻性消声器图形符号

10.4　项目实施

10.4.1　绘制气动回路

图 10-17 所示是绘制的气动回路图，1 为气源，2 为气源处理三联件。

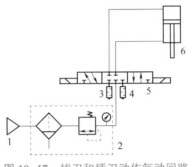

图 10-17　拔刀和插刀动作气动回路

10.4.2　工作过程分析

拔刀：在换刀系统完成拔刀前准备工作后，1YA 通电，压缩空气经换向阀进入气缸的上腔，气缸下腔排气，活塞下移实现拔刀。拔刀时回路工作状态如图 10-18（a）所示。

插刀：在换刀系统完成插刀前准备工作后，2YA 通电，压缩空气经换向阀进入气缸的下腔，气缸上腔排气，活塞上移实现插刀。插刀时回路工作状态如图 10-18（b）所示。

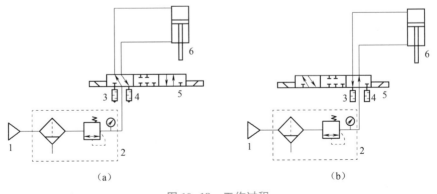

（a）　　　　　　　　　　　　　　　（b）

图 10-18　工作过程
（a）拔刀回路；（b）插刀回路

素质拓展

一代青年有一代青年的历史际遇。我们的国家正在走向繁荣富强，我们的民族正在走向伟大复兴，我们的人民正在走向更加幸福美好的生活。当代中国青年要有所作为，就必须投身人民的伟大奋斗。同人民一起奋斗，青春才能美丽；同人民一起前进，青春才能昂扬；同人民一起梦想，青春才能无悔。

——《致全国青联十二届全委会和全国学联二十六大的贺信》

广大青年要做社会主义核心价值观的坚定信仰者、积极传播者、模范践行者，向英雄学习、向前辈学习、向榜样学习，争做堪当民族复兴重任的时代新人，在实现中华民族伟大复兴的时代洪流中踔厉奋发、勇毅前进。

——2022 年 4 月 25 日，习近平总书记在中国人民大学考察时的讲话

气动控制回路中，换向阀是不可或缺的元件。换向阀在不同位置工作，可以得到气路的不同流动方向，从而使执行元件向不同的方向运动。想想我们自己成长成才是不是也应该选择好奋斗的方向？习近平总书记对青年成长成才的途径等方面提出过多个论述，同学们可多做学习、思考。

10.5 项目评价

气动换向回路项目评分表如表 10-1 所示。

表 10-1 评分表

序号	目标	内容	配分/分	评分/分
项目				
班级			姓名	
1	知识目标 （60 分）	说出气压传动系统的组成	10	
2		认识气源处理三联件、气缸	15	
3		知道气源处理三联件及气缸在气压传动系统中的作用	15	
4		知道方向控制阀的种类及工作原理	20	
5	技能目标 （30 分）	能够合理选择气动执行元件	10	
6		能够分析换向回路工作过程	20	
7	素质目标 （10 分）	知道正确奋斗方向的重要性	10	
	总分/分		100	

思考与练习

1. 快速排气阀安装位置有没有要求？

2. 图 10-19 所示为梭阀在钻床进给控制回路中的应用，试分析回路的工作过程，并指出元件的名称。

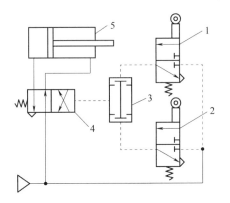

图 10-19 梭阀在钻床进给控制回路中的应用

项目 11　气动速度控制回路

项目目标

素质目标

讲述中国速度，增强民族自豪感。

知识目标

❖ 了解气压传动的压力和流量的概念。

❖ 掌握气压回路速度控制的工作原理。

技能目标

❖ 能够分析简单的速度控制回路。

❖ 能够理解速度换接回路的工作过程。

11.1　项目引入

数控铣床加工时，常用气动虎钳作为夹紧装置，这样可以减轻工人的劳动强度，提高装夹效率。图 11-1 所示为气动虎钳的实物图，该虎钳的松开及夹紧是由气动系统控制的。考虑到工人操作安全，同时避免夹紧过猛对工件造成损坏，在虎钳夹紧过程中，根据和工件的距离，虎钳可自动调节夹紧速度。

图 11-1　气动虎钳的实物图

11.2　项目分析

气动控制实现虎钳的动作是松开和夹紧，可以选择气缸作为执行元件。当气缸活塞伸出时，虎钳夹紧；当气缸活塞缩回时，虎钳松开。

按项目要求，在夹紧过程中，需要调节夹紧速度，即调节气缸活塞的运动速度。为完成本项目，需要了解气缸活塞速度的影响因素，并在气动回路设计时实现速度换接。

问题引导：

1）怎么控制换接点的位置？

2）活塞速度的影响因素有哪些？

3）怎么实现速度换接呢？

11.3 相关知识

11.3.1 气压传动的两个基本参数

（1）压力

压力是气体由于热运动相互碰撞，在容器的单位面积上产生的力，相当于物理学中的压强，用 p 表示，单位为 Pa（帕）。

$$p = \frac{F}{A}$$

工程中也常用 kPa（千帕）、MPa（兆帕）、kgf/cm^2。

压力可用绝对压力、相对压力及真空度等方法来量度。

绝对压力是指以绝对真空为基准所表示的压力。相对压力是指以大气压力为基准所表示的压力。当绝对压力低于大气压时，习惯上称为出现真空。因此真空度是指比大气压力小的那部分数值。绝对压力、相对压力和真空度的相互关系如图 11-2 所示。

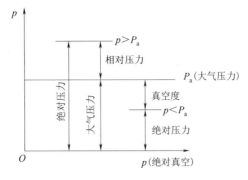

图 11-2　绝对压力、相对压力和真空度的相互关系

（2）流量

单位时间内通过某通流截面的液体或气体的体积称为流量。在法定计量单位制中流量的单位是 m^3/s（米³/秒），在实际使用中，常用单位 L/min（升/分钟）或 mL/s（毫升/秒）。

11.3.2 气压传动的工作原理

(1) 力比例关系

$$\frac{W}{F_1} = \frac{A_2}{A_1}$$

工作压力取决于负载，而与流入的流体多少无关。

(2) 运动关系

$$v = \frac{q}{A}$$

活塞的运动速度取决于进入气缸的流量，而与气体压力大小无关。

(3) 功率关系

$$P = pq$$

气压传动是以流体的压力能来传递动力的。

11.3.3 流量控制阀

在气压传动中，经常要求控制气动执行元件的运动速度，这要靠调节压缩空气的流量来实现。流量控制阀就是依靠改变阀口通流面积的大小来控制气体流量的元件。常用的有节流阀、单向节流阀、排气节流阀和柔性节流阀等。

(1) 节流阀

图 11-3（a）所示为圆柱斜切型节流阀的结构原理图。压缩空气由 P_1 口进入，经过节流后，由 P_2 口流出。通过调节手柄来改变节流口的开度，就可以调节压缩空气的流量。由于这种节流阀的结构简单、体积小，故应用范围较广。图 11-3（b）所示为节流阀的职能符号，图 11-3（c）所示为节流阀实物图。

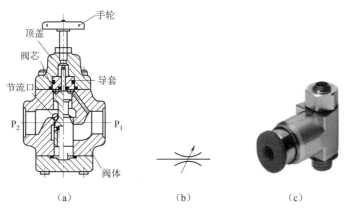

图 11-3 节流阀
(a) 结构原理；(b) 职能符号；(c) 实物

(2) 单向节流阀

单向节流阀是由单向阀和节流阀并联而成的组合式流量控制阀，它一般安装在主控阀和执行元件之间，用来进行速度控制。如图 11-4（a）所示，当压缩空气从 1 口流向 2 口时，单向阀关闭，压缩空气经节流阀节流通过，节流口的大小可以经过调节手柄进行调节；当压缩空气反向流通时，如图 11-4（b）所示，单向阀打开，不经节流快速从 1 口排出。图 11-4（a）和图 11-4（b）所示为单向节流阀的职能符号和实物。

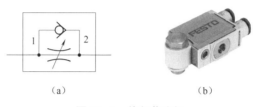

（a）　　　　　　　　　　（b）

图 11-4　单向节流阀

（a）职能符号；（b）实物

（3）排气节流阀

图 11-5 所示为排气节流阀，其节流原理和节流阀类似，也是靠调节通流面积来调节流量。它们的区别是节流阀通常是安装在系统中用来调节气流的流量，而排气节流阀安装在排气口处，智能调节排入大气的流量，以此来调节执行机构的运动速度。另外，排气节流阀带有消声器件，所以也能起降低排气噪声的作用。图 11-5（a）所示为其职能符号，图 11-5（b）所示为排气节流阀的实物。

（4）柔性节流阀

图 11-6 所示为柔性节流阀，其依靠阀杆夹紧柔韧的橡胶管来产生节流作用，也可以利用气体压力来代替阀杆压缩橡胶管。柔性节流阀结构简单，动作可靠性高，对污染不敏感，通常工作压力范围为 0.3~0.63 MPa。

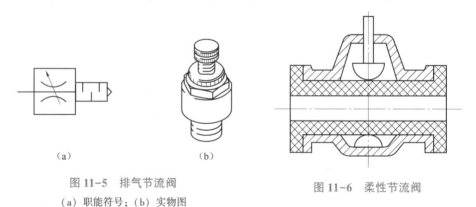

（a）　　　　　　　　　　（b）

图 11-5　排气节流阀

（a）职能符号；（b）实物图

图 11-6　柔性节流阀

11.3.4　速度回路的控制方式

在速度控制回路中，常用供气节流和排气节流两种方式来控制执行元件的速度。

（1）供气节流控制方式

图11-7（a）所示为供气节流控制方式，即单向节流阀对气缸进气进行节流，排出气流则可以通过阀内的单向阀从换向阀的排气口排出。这种控制方式可以防止气缸启动时的"冲出"现象，而且调速的效果较好，一般用于要求启动平稳、单作用气缸或小容积气缸的情况。

（2）排气节流控制方式

图11-7（b）所示为排气节流控制方式，即气缸进气时经过阀内的单向阀，而对空气的排放进行节流控制。在此情况下，活塞承受一个由单向流量控制节流的待排放空气形成的缓冲气流，这大大改善了气缸的进给性能，并能得到较好的低速平稳性，因此，在实际应用中，大多采用排气节流控制方式。

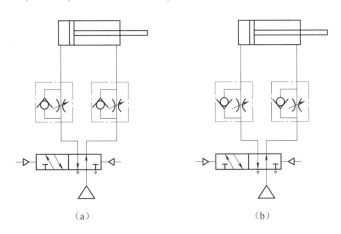

（a）   （b）

图11-7　速度回路控制方式

（a）供气节流控制方式；（b）排气节流控制方式

11.4　项目实施

11.4.1　绘制气动回路

根据项目要求，设计气动回路，可参考图11-8。其中，电气回路需要自行设计。

11.4.2　工作过程分析

回路是利用二位二通阀与单向节流阀并联，在夹紧和松开工件过程中，通过改变排气通路，使气缸速度改变的。

开始夹紧工件时，气体通路：气源1提供压缩空气→换向阀2的左位→阀3内单向阀→气缸7左腔→气缸7右腔→阀6的左位直接排气。回路如图11-9（a）的粗实线所示。

当靠近工件时，气缸7的撞块会压下行程开关8，行程开关8发出电信号，

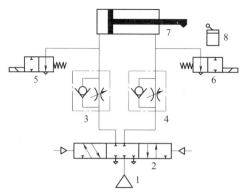

图 11-8　速度换接回路

1—气源；2—三位五通气动换向阀；3、4—单向节流阀；

5、6—二位二通电磁换向弹簧复位的通断阀；

7—双作用气缸；8—行程开关

使二位二通阀 5、6 均换向，阀 6 的变化改变了排气通路，从而使气缸 7 速度改变。气体通路：气源 1 提供压缩空气→换向阀 2 的左位→阀 3 内单向阀→气缸 7 左腔→气缸 7 右腔→阀 4 内节流阀→换向阀 2 的左位排气。回路如图 11-9（b）的粗实线所示。经过阀 4 内节流阀排气，与直接排气相比，气缸 8 速度会降低。

夹紧工件过程中，阀 2 工作在中位，O 型机能具有保压功能，保证工件处于夹紧状态。

在松开工件过程中，气缸 7 的撞块松开行程开关 8 前，气体通路：气源 1 提供压缩空气→换向阀 2 的右位→阀 4 内的单向阀→气缸 7 右腔→气缸 7 左腔→阀 3 内的节流阀→阀 2 的右位排气。回路如图 11-9（c）的粗实线所示。

在松开工件过程中，气缸 7 的撞块松开行程开关 8 后，电磁阀 5，6 在弹簧作用力下复位，恢复常态位，气源通路：气源 1 提供压缩空气→换向阀 2 的右位→阀 4 内的单向阀→气缸 7 右腔→气缸 7 左腔→阀 5 的右位排气。回路如图 11-9（d）的粗实线所示。与经过阀 3 内节流阀排气相比，直接从阀 5 的右位排气，气缸 8 速度提高。

行程开关的位置可根据实际工件进行选定和调整。

讲述中国速度　增强民族自豪感

从时速 400 km 的高铁，跨越到时速 600 km 的高速磁浮，这背后是加速能力、制动能力、抗噪能力等控制策略创新设计的支撑。没有自主创新，就突破不了限制和瓶颈，实现不了中国速度的跃升。

被誉为"煤海蛟龙"的掘支运一体化快速掘进系统，依靠科技创新"挖"出了世界纪录，实现了中国巷道掘进技术与装备从"跟跑"到"并跑"再到

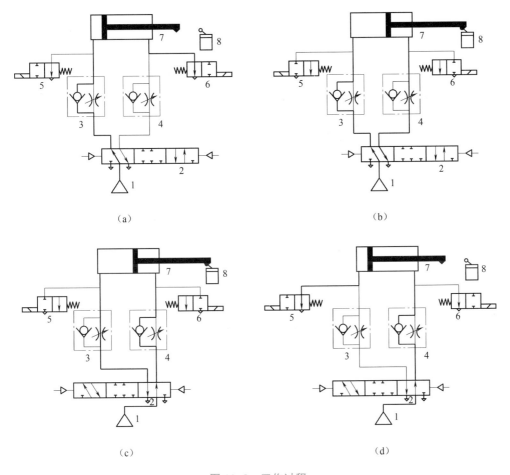

图 11-9　工作过程

(a) 夹紧回路　按下行程开关前；(b) 夹紧回路　按下行程开关后；

(c) 松开回路　离开行程开关前；(d) 松开回路　离开行程开关后

1—气源；2—三位五通气动换向阀；3，4—单向节流阀；

5，6—二位二通电磁换向弹簧复位的通断阀；7—双作用气缸；8—行程开关

"领跑"的转变。没有自主创新，就难以保障中国能源安全。

　　面对 589 m 要拆除的立交桥，央企的建设者们派出了 200 余台挖掘机同时作业，在桥两侧一字排开的挖掘机伸出长臂，就如一只只蚂蚁，努力啃食钢筋水泥，一夜之间就让这个庞然大物消失。"基建狂魔"让不可能变为可能。

　　寓意"凤凰展翅"的北京大兴国际机场航站楼在不到 5 年内竣工。"如此短的时间，能够建成这项伟大工程，体现了国家制度的优越性和综合国力的日益强大。"北京城建集团新机场航站楼工程项目经理李建华感慨，他们曾 10 个月浇筑了 105 万 m³ 混凝土，相当于每个月浇筑 25 栋 18 层的大楼。

　　"乘风好去，长空万里，直下看山河。"中国速度的背后，是一个不断创新、奋进的中国。在大国建设者一往无前的努力下，中国速度将继续创造一个又一个新的奇迹。

11.5 项目评价

气动速度回路项目评分表如表 11-1 所示。

表 11-1 评分表

项目				
班级			姓名	
序号	目标	内容	配分/分	评分/分
1	知识目标	了解气压传动的压力和流量的概念	20	
2	（40分）	掌握气压回路速度控制的工作原理	20	
3	技能目标	能够分析简单的速度控制回路	20	
4	（40分）	能够理解速度换接回路的工作过程	20	
5	素质目标（20分）	有强烈的民族自豪感	20	
总分/分			100	

思考与练习

1. 压力表测得的压力是相对压力还是绝对压力？
2. 简述单向节流阀的工作原理。
3. 比较供气节流与排气节流的优缺点。

项目 12　气动压力控制回路

项目目标

素质目标

正确对待生活和学习中的压力。

知识目标

❖ 了解卡盘的类型及工作原理。

❖ 知道气动压力控制回路的工作原理。

技能目标

❖ 能够分析简单的压力控制回路。

❖ 能够理解压力控制回路的工作过程。

12.1　项目引入

数控车床工作时，常用卡盘作为夹紧装置。三爪卡盘一般由卡盘体、活动卡爪和卡爪驱动机构组成，通过卡盘驱动机构驱动卡爪运动，实现工件的夹紧和松开。为减轻工人的劳动强度，提高装夹效率，现需要设计一套气动卡盘，其回路压力值由压力表来显示，并可根据工件材质不同调整夹紧力。图 12-1 为气动卡盘的实物图。

图 12-1　气动卡盘的实物图

12.2　项目分析

本项目设计车床气动卡盘夹紧工件，提出三个要求，分别是气动控制、有压力表显示回路压力值、夹紧力可调。

问题引导：

1）气动控制回路的基本组成是什么？

2）压力表应该安装到哪个位置？

3）夹紧力受哪些因素影响？

12.3 相关知识

12.3.1 卡盘

卡盘是机床上用来夹紧工件的机械装置，通常安装在车床、外圆磨床和内圆磨床上使用，也可与各种分度装置配合，用于铣床和钻床。卡盘是利用均布在卡盘体上活动卡爪的径向移动，把工件夹紧和定位的机床附件。卡盘一般由卡盘体、活动卡爪和卡爪驱动机构三部分组成，如图 12-2 所示。卡盘体中央有通孔，以便通过工件或棒料。背部有圆柱形或短锥形结构，直接或通过法兰盘与机床主轴端部相连接。

图 12-2　三爪卡盘结构

从卡盘爪数上可以分为两爪卡盘、三爪卡盘、四爪卡盘、六爪卡盘和特殊卡盘。从使用动力上可以分为手动卡盘、气动卡盘、液压卡盘、电动卡盘。从结构上可以分为中空卡盘和中实卡盘。

气动卡盘的性能优势主要表现：与手动卡盘相比，气动卡盘只需要按一下按钮，即可瞬间自动定心，夹紧工件，且夹持力稳定可调。除提高工作效率外，还可实现一人操作多台数控机床，大大降低了人力资源成本，同时也减少了固定设备投入，广泛适用于批量型机械加工企业。

12.3.2 压力控制阀

压力控制阀是利用空气压力和弹簧力相平衡的原理工作的，主要通过控制系统中气体的压力以控制执行元件的输出力或控制执行元件实现顺序动作。在气压传动系统中压力控制阀可分为三类：起降压稳压作用的调压阀，起限压安全保护作用的安全阀、限压切断阀等，根据气路压力不同进行某种控制的顺序阀、平衡阀等。

（1）调压阀

气压传动是将比使用压力高的压缩空气储存于储气罐中，然后减压到适合系统应用的压力再进行使用。因此每台气动装置的供气压力都需要用减压阀来减压，并保持供气压力稳定。在气压传动系统中，减压阀又称调压阀。

图 12-3 所示为直动型调压阀的结构原理和符号。在图 12-3 所示情况下，阀芯 5 的台阶面上边形成一定的开口，压力为 p_1 的压缩空气流过此阀口后，压

力降低为 p_2。与此同时，出口边的一部分气流经阻尼孔 3 进入膜片室，对膜片产生一个向上的推力与上方的弹簧力相平衡，调压阀便有稳定的压力输出。当输入压力 p_1 增高时，输出压力 p_2 随之增高，膜片室的压力也升高，将膜片向上推，阀芯 5 在复位弹簧 6 的作用下上移，使阀口开度减小，节流作用增强，直至输出压力降低到调定值为止；反之，若输入压力下降，则输出压力也随之下降，膜片下移，阀口开度增大，节流作用减弱，直至输出压力回升到调定值再保持稳定。通过调节调压手柄 10 控制阀口开度的大小即可控制输出压力的大小。一般直动型调压阀的最大输出压力是 0.6 MPa，调压范围是 0.1~0.6 MPa。

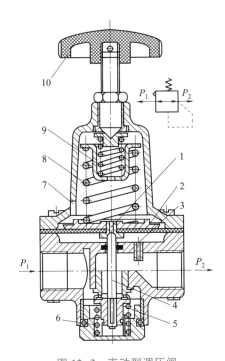

图 12-3　直动型调压阀

1—溢流孔；2—膜片；3—阻尼孔；4—阀杆；5—阀芯；
6—复位弹簧；7—阀体排气孔；8，9—调压弹簧；10—调压手柄

（2）安全阀

安全阀在气压传动系统中用来限制回路中的最高压力，以防止管路破裂及损坏，起着过载保护的作用。

图 12-4（a）所示为安全阀的结构。当系统中气体压力在调定范围内时，作用在阀芯上的压力小于弹簧力，阀门处于关闭状态。当系统压力升高，作用在阀芯上的压力大于弹簧力，阀芯向上移动，阀门开启使进气口与排气口相通，如图 12-4（b）所示。直到系统压力降到调定范围以下，阀门又重新关闭。图 12-4（c）和图 12-4（d）所示为安全阀的职能符号和实物。

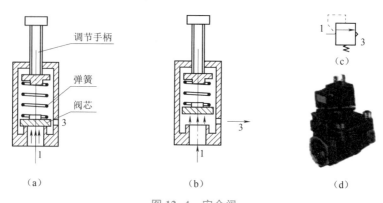

图 12-4 安全阀

（a）结构；（b）原理；（c）职能符号；（d）实物

（3）顺序阀

顺序阀是依靠气路中压力的作用来控制执行元件按顺序动作的压力控制阀，其开启压力是根据弹簧的预压缩量来控制的。当输入压力小于弹簧设定压力时，工作口没有输出；当输入压力达到或超过开启压力时，顶开弹簧，工作口有输出。图 12-5（a）所示为顺序阀的职能符号。

在实际应用中，顺序阀很少单独使用，例如，顺序阀可以与单向阀构成单向顺序阀。单向顺序阀是组合阀，由顺序阀与单向阀并联而成，如图 12-5（b）所示。当压缩空气由 1 口输入时就相当于顺序阀的功能；当压缩空气由 2 口进入时，1 口变成排气口，此时就相当于单向阀的功能。

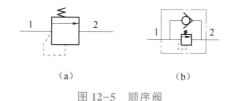

（a）   （b）

图 12-5 顺序阀

（a）顺序阀的职能符号；（b）单向顺序阀的职能符号

12.4 项目实施

12.4.1 绘制气动回路

压力控制回路如图 12-6 所示。

12.4.2 工作过程分析

卡盘夹紧松开的动作过程与气动虎钳工作过程分析基本一致，可参考 9.4.2 节部分内容。接下来对压力变化过程进行分析。

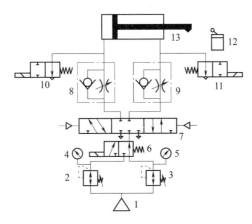

图 12-6　压力控制回路

1—气源；2，3—调压阀；4，5—压力表；6—二位三通电磁阀；7—三位五通气控换向阀；

8，9—单向节流阀；10，11—二位二通通断阀；12—行程开关；13—气缸

　　阀2和阀3是减压阀，但设定压力不同，阀2设定压力高，阀3设定压力低。阀6是二位三通电磁阀，常态下工作在右位（见图12-6），输出经过阀3的低压压缩空气；当阀6通电后工作在左位时（见图12-7），输出经过阀2的高压压缩空气。这样通过控制阀6的工作状态，就可以给气缸提供不同压力的气体，进而满足工作要求。

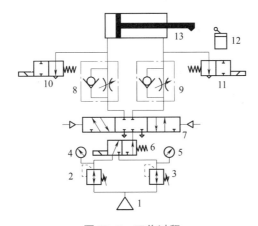

图 12-7　工作过程

1—气源；2，3—调压阀；4，5—压力表；6—二位三通电磁阀；7—三位五通气控换向阀；

8，9—单向节流阀；10，11—二位二通通断阀；12—行程开关；13—气缸

正确对待压力

　　气压回路中，气体是怎么推动执行元件运动的呢？对，是压力产生的推力！

在学习和生活中，压力也是存在的，请同学们正确对待压力。

适度的压力能成为人们活动的动力；过大的压力会引起情绪紧张，可能导致无法正常学习和生活。找到适合自己的解压方式，如朋友陪伴、运动、听音乐等方式，保持适度的压力，提升自己的韧性和抗压能力。

12.5 项目评价

气动压力控制回路项目评分表如表 12-1 所示。

表 12-1 评分表

项目				
班级			姓名	
序号	目标	内容	配分/分	评分/分
1	知识目标（40分）	了解卡盘的类型及工作原理	20	
2		知道气动压力控制回路的工作原理	20	
3	技能目标（40分）	能够分析简单的压力控制回路	20	
4		能够理解压力控制回路的工作过程	20	
5	素质目标（20分）	正确对待生活和学习上的压力	20	
总分/分			100	

思考与练习

一、填空题

1. 安全阀相当于液压系统中的_____，它在气压传动系统中用来限制回路中的_____，以防止管路等破裂及损坏，起_____作用。

2. 在实际应用中，顺序阀很少单独使用，一般与_____构成_____。

二、简答题

1. 什么叫压力控制阀？

2. 压力控制阀有哪些种类？

3. 绘制回路。

项目 13 认识气动换刀系统

项目目标

素质目标

培养学生自主学习、总结归纳的能力。

知识目标

❖ 了解加工中心刀库的形式。

❖ 认识简单的气动执行元件、气动控制元件。

能力目标

能够读懂简单气动回路图。

13.1 项目导入

加工中心是指在数控机床上装有自动换刀装置的数控铣床或数控镗床，可以在一次装夹后自动完成多种工序的加工，外形如图 13-1 所示。在加工中心上，自动换刀系统由刀库、驱动机构等部件组成。当需要换刀时，数控系统发出指令，由机械手（或通过其他方式）将刀具从刀库内取出并装入主轴孔中。它用于工件一次装夹后多工序连续加工中，工序与工序之间的刀具自动储存、选择、搬运和交换。本项目是查阅资料，认识加工中心的自动换刀系统。

图 13-1 加工中心外形

提醒：本项目需要通过自行查阅资料完成，请充分利用网络、图书等资源，完成信息查询及信息整理汇总工作，学会自主学习。

13.2 项目分析

为完成项目，需要考虑以下问题。

1）自动换刀需要完成哪几步呢？

2）自动换刀系统是怎么驱动的？由哪几部分组成？

13.3 相关知识

13.3.1 刀库类型

加工中心刀库的功能主要是存放刀具，它是自动换刀装置中的主要部件之一。在使用加工中心加工零部件时，首先要把加工过程中需要使用的不同类型的刀具分别安装在刀库中。加工中心换刀时先在刀库中进行选刀，进行刀具交换时，把旧刀具放回刀库，随后将新刀具装入主轴。常见的刀库形式有斗笠式刀库、圆盘式刀库、链式刀库。

（1）斗笠式刀库

斗笠式刀库结构如图 13-2 所示，其是固定刀库，刀具号和刀套号一直保持一一对应关系，不会随着刀具的交换而改变。

斗笠式刀库是靠主轴上下移动来完成自动换刀动作的。换刀过程如下：在换刀时，整个刀库向主轴移动，当主轴上的刀具进入斗笠式刀库的卡槽时，主轴向上移动脱离刀具，同时刀库进行快速转动；等要换的刀具对正主轴正下方时，主轴下移使刀具进入主轴锥孔内，夹紧刀具后，刀库再退回原位。

图 13-2 斗笠式刀库结构

斗笠式刀库的刀位有限，而且换刀过程主轴总是一上一下，比较占用时间，效率不高，还会影响主轴的工作行程。

（2）圆盘式刀库

圆盘式刀库又称机械手刀库，其结构如图 13-3 所示。圆盘式刀库换刀动作是由机械手臂从刀库以及主轴上同时拔刀经过 180° 旋转安装到主轴和刀库上，完成其换刀过程。

（3）链式刀库

链式刀库结构如图 13-4 所示，其刀座固定在环形链节上。常用的有单排链式刀库，这种刀库使用加长链条，让链条折叠回绕可提高空间利用率，进一步增加存刀量。

图 13-3 圆盘式刀库结构

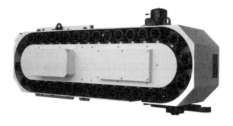

图 13-4 链式刀库结构

以斗笠式刀库为例，说明换刀系统的功能。换刀过程如下。

1）主轴定位。

2）主轴松刀。主轴内刀杆自动夹紧装置松开刀具。

3）拔刀。刀库伸出，从主轴锥孔中将待卸刀具拔出。

4）刀库转位。将要换的新刀具转到合适位置。

5）主轴锥孔吹气。压缩空气将主轴锥孔吹净。

6）插刀。将新刀具插入主轴锥孔中。

7）刀具夹紧。主轴内夹紧装置将新刀具刀杆夹紧。

8）主轴复位。主轴返回加工位置。

在换刀过程中实现主轴定位、松刀、拔刀，向主轴锥孔吹气、插刀和主轴复位等，这些动作是依靠气压传动系统实现的。自动换刀系统由气源调节装置、二位三通电磁阀、气缸等元件组成。

13.4 项目实施

13.4.1 查阅资料

了解气动换刀系统的类型和气动换刀系统原理，如图13-5所示。

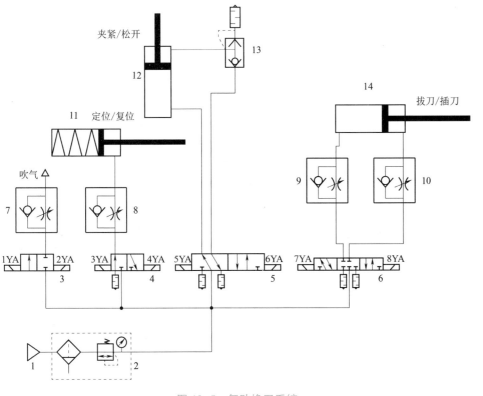

图13-5 气动换刀系统

13.4.2 整理资料

根据查找的资料，在表 13-1 中填写相关内容。

表 13-1　整理资料

序号	题目	结论
1	所查加工中心型号	
2	刀库类型是哪种	
3	换刀系统是液压驱动、电驱动、气压驱动还是其他哪种方式	
4	换刀系统包括哪几部分，以及各部分的功能是什么	
5	换刀动作有哪些步骤	
6	各步骤对应的回路状态是什么样的	

13.4.3 气动回路分析

换刀过程中有主轴定位、松刀、拔刀，向主轴锥孔吹气、插刀和主轴复位等动作。

（1）主轴定位、复位动作

主轴定位、复位动作是由图 13-5 中的气源装置 1、气源处理元件 2、二位三通电磁阀 4、单向节流调速阀 8、单作用气缸 11 组成的回路实现的，气路动作状态如图 13-6 所示。需要定位时，电磁铁 4YA 通电，电磁阀 4 右位工作，气源处理后经阀 4 的右下口到阀 4 上口，后经阀 8 的单向阀到达气缸 11 右腔，控制气缸向左运动，实现定位（见图 13-6（a））；复位动作时（见图 13-6（b）），电磁铁 3YA 通电，电磁阀 4 左位工作，进气路截止，气缸在弹簧作用力下向右移动，气缸右腔气体经阀 8 的节流阀、电磁阀 4 左位上口到阀 4 左下口，经消声器接通大气。

（2）拔刀、插刀动作

拔刀、插刀动作是由图 13-5 中的气源装置 1、气源处理元件 2、三位五通电磁阀 6、单向节流调速阀 9 或 10、双作用气缸 14 组成的回路实现的，气路状态如图 13-7 所示。拔刀动作时（见图 13-7（a）），电磁铁 8YA 通电，电磁阀 6 右位工作，气源处理后经阀 6 右位下口、阀 10 的单向阀进入气缸 14 右侧腔，推动气缸活塞左移，左腔气体经阀 9 的节流阀到阀 6 右位，经消声器接通大气；拔刀或插刀到位后，电磁阀 6 断电，阀芯处于中位（见图 13-7（b）），气路截止；插刀动作时（见图 13-7（c）），电磁铁 7YA 通电，电磁阀 6 左位工作，气源处

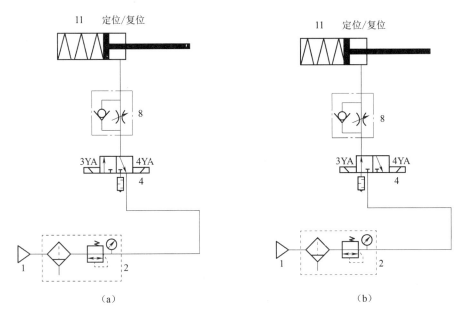

图 13-6　主轴定位、复位动作

（a）定位；（b）复位

理后经阀 6 左位下口、阀 9 的单向阀进入气缸 14 左侧腔，推动气缸活塞右移，右腔气体经阀 10 的节流阀、阀 6 左位、消声器接通大气。

（3）吹气动作

吹气动作由图 13-5 中的气源装置 1、气源处理元件 2、二位两通电磁阀 3、单向节流调速阀 7 组成的回路实现，气路状态如图 13-8 所示。当电磁阀 2 处于常位（右位）时，气路截止，停止吹气；在电磁铁 1YA 通电后，气源经气源处理元件 2、阀 3 左位后经阀 7 的单向阀排气，实现吹气动作。

（4）夹紧、松开动作

夹紧、松开动作是由图 13-5 中的气源装置 1、气源处理元件 2、二位五通电磁阀 5、双作用气缸 12、快速排气阀 13 组成的回路实现的，气路状态如图 13-9 所示。需要夹紧动作时（见图 13-9（a）），电磁铁 6YA 通电，电磁阀 5 右位工作，气源处理后经阀 5 右位下口、快速排气阀 13，进入气缸 12 上腔，推动气缸活塞下移，气缸下腔气体经电磁阀 5 右位消声器接通大气；需要松开动作时（见图 13-9（b）），电磁铁 5YA 通电，电磁阀 5 左位工作，气源经阀 5 左位下口，进入气缸 12 下腔，推动气缸活塞上移，气缸上腔气体经快速排气阀 13、消声器接通大气，实现快速排气。

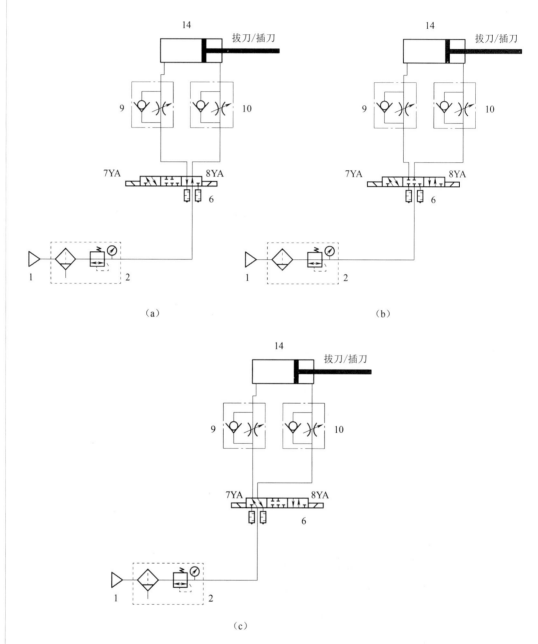

图 13-7　拔刀、插刀动作

（a）拔刀；（b）中位；（c）插刀

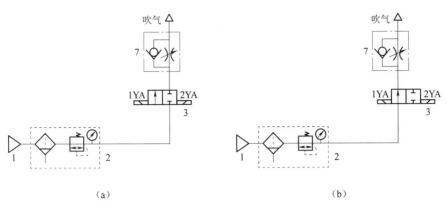

图 13-8　吹气动作

（a）2YA 通电；（b）1YA 通电

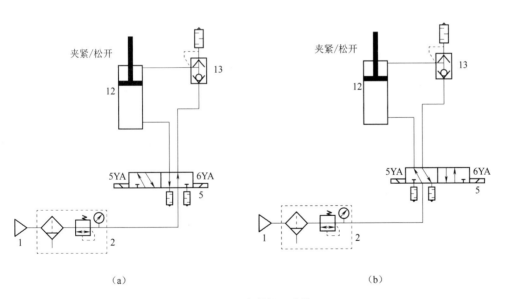

图 13-9　夹紧松开动作

（a）夹紧；（b）松开

13.5 项目评价

气动换刀系统项目评分表如表13-2所示。

表13-2 评分表

项目				
班级			姓名	
序号	目标	内容	配分/分	评分/分
1	知识目标 （40分）	说出加工中心刀库系统的形式	10	
2		认识气动控制元件	20	
3		认识气动执行元件	10	
4	技能目标 （40分）	能够分析换向回路工作过程	40	
5	素质目标 （20分）	能够利用各种资源，完成自主学习	20	
总分/分			100	

思考与练习

1. 请整理出换刀动作过程中，电磁阀的通电顺序。

2. 换刀动作步骤有哪些？

3. 常见的刀库形式有哪些？

第4部分

PLC基础

项目 14　认识西门子 S7-1200 PLC

项目目标

素质目标

在使用西门子 S7-1200 PLC 控制时，根据控制对象特点，控制逻辑需求，规范选择合适的西门子 S7-1200 PLC 及其附件，提高 PLC 的适用性和经济性。

知识目标

❖ 熟悉西门子 S7-1200 PLC 的工作原理。

❖ 熟悉西门子 S7-1200 PLC 的工作过程。

❖ 熟悉西门子 S7-1200 PLC 及其附件的种类、配置、性能。

❖ 掌握西门子 S7-1200 PLC 的选型。

❖ 掌握西门子 S7-1200 PLC 附件的选型。

技能目标

❖ 能够读懂具有 PLC 控制需求的工况要求。

❖ 可以根据需求选择适合的西门子 S7-1200 PLC 及其附件。

❖ 可以正确连接西门子 S7-1200 PLC 及其附件，使其能正常工作。

❖ 能够正确连接西门子 S7-1200 PLC 输入电源，输出电源，各输入、输出模块的工作电源。

14.1　项目引入

PLC 应用技术作为现代工业自动化三大支柱的核心技术之一，综合了计算机控制技术、自动控制技术和网络通信技术，应用于系统过程控制、运动控制、网络通信、人机交互等各个领域。基于对更高自动化程度和更高能效的需要，制造业会越来越多地应用 PLC，在制造过程中，以最低生产设备生命周期成本来满足日益提高的适应性和灵活性要求，给 PLC 应用技术的发展提供了不竭的动力。

西门子 PLC 在我国的应用相当广泛，1996 年西门子公司提出全集成自动化系统（Totally Integrated Automation，TIA）概念，随后 PLC 应用技术渐渐融于全部自动化领域。PLC应用技术具有开放系统的基本结构，扩展方便，是用于完成自动化任务的一套可靠技术。S7系列PLC发展成西门子自动化系统的控制核心，它是西门子自动化系统功能最强的PLC，市场占有率较高，在企业中得到了广泛应用。因此，不只PLC行业的从业人员，很多其他行业的工程技术人员也必须掌握PLC的操作应用和设计开发能力，以适应技术的不断革新。

14.2 项目分析

PLC应用技术是电气自动化技术、机电一体化技术、智能制造装备技术等专业学生要学习的核心技术。西门子S7-1200 PLC是一款紧凑型、模块化的PLC，它集成的PROFINET接口具有功能强大和扩展灵活等特点，为各种控制工艺任务提供了丰富的通信协议和有效的解决方案，能满足各种完全不同的自动化应用需求。

S7-1200 PLC除了具有传统的逻辑控制功能外，还具有通信、高速技术、运动控制、比例积分微分控制（Proportional plus Integral plus Derivative control，PID）、追踪、程序仿真和Web服务器功能。

学习S7-1200 PLC要从其工作原理和硬件组成开始。

14.3 相关知识

S7-1200 PLC是西门子PLC的新产品，其设计紧凑、组态灵活、扩展方便、功能强大，可用于控制各种各样的设备以满足自动化需求。S7-1200 PLC的CPU功能强大，适用于各种控制系统。

用户程序访问PLC的I信号（输入）和Q信号（输出）时，不是直接读取I/O模块信号的，而是通过位于PLC中的一个存储区域对I/O模块进行访问的，这个存储区称为过程映像区。此过程映像区分为过程映像输入区和过程映像输出区。PLC在RUN模式下，按照循环性逐行扫描顺序执行程序的工作方式，周而复始地工作。PLC有STOP、STARTUP和RUN三种工作模式，CPU的状态LED指示PLC的工作状态。S7-1200 CPU需要使用博途软件切换PLC的工作模式。

西门子S7-1200 PLC的硬件是模块化的，如图14-1所示。PLC控制系统包括CPU模块、输入模块、输出模块和通信模块等。CPU模块采集输入模块输入的信号进行处理，并将处理结果通过输出模块输出，同时，通过通信模块将数据上传到人机界面（Human-Machine Interface，HMI）或者其他软件系统，实现对数据的显示、报警和数据记录的管理。

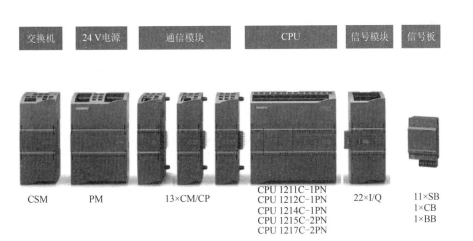

| CSM | PM | 13×CM/CP | CPU 1211C-1PN
CPU 1212C-1PN
CPU 1214C-1PN
CPU 1215C-2PN
CPU 1217C-2PN | 22×I/Q | 11×SB
1×CB
1×BB |

图 14-1　西门子 S7-1200 PLC 的硬件组成

14.4　项目实施

14.4.1　西门子 S7-1200 PLC 的工作原理

（1）PLC 的工作原理

西门子 S7-1200 PLC 采用过程映像区临时存放输入信号和输出信号。西门子 S7-1200 PLC 采用过程映像区处理 I/O 信号的好处：在一个 PLC 扫描周期内，如果输入模块的信号状态发生变化，那么过程映像区中的信号状态在当前扫描周期将保持不变，直到下一个 PLC 扫描周期过程映像区才更新，这样就保证了 PLC 在执行用户程序的过程中过程映像区数据的一致性。

PLC 采用循环扫描工作方式，周而复始地循环执行用户程序，工作方式如图 14-2 所示。

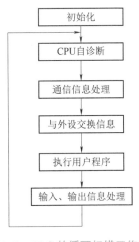

图 14-2　PLC 的循环扫描工作方式

1）初始化：PLC 上电后，首先进行系统初始化。

2）CPU 自诊断：定期检查用户程序存储器、I/O 单元的连接、I/O 总线是否正常，定期复位监控定时器（WDT）等，以确保系统的可靠运行。

3）通信信息处理：在每个通信信息处理扫描阶段，PLC 之间以及 PLC 与 PC 之间进行通信；PLC 与其他带微处理器的智能装置之间进行通信。

4）与外部设备交换信息：PLC 与外部设备连接时，在每个扫描周期内要与外部设备交换信息。

5）执行用户程序：PLC 在运行状态下，每个扫描周期都要执行用户程序，执行用户程序时，是以扫描的方式按顺序逐句扫描处理，扫描一条执行一条，运算结果存入输出映像区的对应位。

6）输入、输出信息处理：PLC 在运行时，每个扫描周期都要进行输入、输出信号处理，以扫描的方式把输入信号的状态存入输入映像区、结果存入输出映像区，直至传送到外部被控设备。

（2）PLC 的工作模式

PLC 有三种工作模式，分别是 STOP 模式、STARTUP 模式和 RUN 模式，CPU 的状态 LED 指示 PLC 的工作状态。西门子 S7-1200 PLC 的 CPU 上没有用于更改工作模式的物理开关，需要使用博途软件切换 PLC 的工作模式。

1）STOP 模式。

在 STOP 模式下，PLC 将检查所有组态的模块是否可用，如果结果良好，那么 PLC 随后就将 I/O 信号设置为预定义的默认状态。当 PLC 处于 STOP 模式时，PLC 不可以执行用户程序，但可以下载用户程序，也可以加载项目。

2）STARTUP 模式。

STARTUP 模式是从 STOP 模式到 RUN 模式的一个过渡，在这个过程中，将清除非保持性存储器的内容、过程映像区输出的内容，执行一次启动 OB 块，更新过程映像区输入等。如果自动满足条件，PLC 将自动进入 RUN 模式，工作流程如图 14-3 所示。

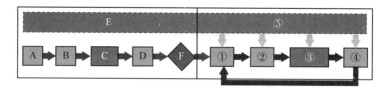

图 14-3　PLC 的三种工作模式

A—清除 I（映像）存储区；B—使用上一个值或替换值对输出映像区进行初始化；

C—执行启动 OB 块；D—将物理输入的状态复制到 I 存储器；

E—将所有中断事件存储到要在进入 RUN 模式后处理的队列中

①—将 Q 存储器写入物理输出；②—将物理输入的状态复制到 I 存储器；

③—执行程序循环 OB；④—执行自检诊断；

⑤—在扫描周期的任何阶段处理中断和通信

3）RUN 模式。

在 RUN 模式下，PLC 将执行用户程序、更新 I/O 信号、响应中断请求、对故障信息进行处理等。

14.4.2 西门子 S7-1200 PLC 硬件组成

（1）西门 S7-1200 PLC 本体

1）西门子 S7-1200 PLC 组成。

S7-1200 PLC 将微处理器、集成电源、I/O 电路、PROFINET 接口、高速运动控制 I/O 接口及模拟量输入接口紧凑地组合到一起，外形如图 14-4 所示。

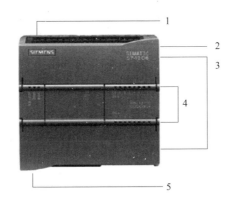

图 14-4　S7-1200 PLC 外形

1—电源接口；2—存储卡插槽（上部保护盖下面）；3—可拆卸用户接线连接器（保护盖下面）；
4—板载 I/O 的状态 LED；5—PROFINET 连接器（CPU 的底部）

2）S7-1200 PLC 选型。

西门子 S7-1200 PLC 的型号与参数比较可参照表 14-1。

表 14-1　西门子 S7-1200 PLC 的型号与参数比较

CPU 的型号	CPU 1211C	CPU 1212C	CPU 1214C	CPU 1215C
数字量输入/输出	6 输入/4 输出	8 输入/6 输出	14 输入/8 输出	14 输入/10 输出
模拟量输入/输出	2 输入	2 输入	2 输入	2 输入/2 输出
扩张模块个数	—	2	8	8
高速计数器	3	4	6	6
集成/可扩展的工作存储器 集成/可扩展的装载存储器	25 KB/不可扩展 1 MB/24 MB	25 KB/不可扩展 1 MB/24 MB	50 KB/不可扩展 2 MB/24 MB	100 KB/不可扩展 2 MB/24 MB
单相计数器	3 个 100 kHz	3 个 100 kHz 和 1 个 30 kHz	3 个 100 kHz 和 3 个 30 kHz	3 个 100 kHz 和 3 个 30 kHz

正交计数器	3 个 80 kHz	3 个 80 kHz 和 1 个 30 kHz	3 个 80 kHz 和 3 个 30 kHz	3 个 80 kHz 和 3 个 30 kHz
脉冲输出	2 个 100 kHz（直流（DC）输出）或 2 个 1 Hz（RLY 输出）			
脉冲同步输入	6	8	14	14
延时/循环中断	总计 4 个，分辨率 1 ms			
边沿触发式中断	6 上升沿 6 下降沿	8 上升沿 8 下降沿	12 上升沿 12 下降沿	12 上升沿 12 下降沿
实时时钟精度	±60 s/月			
PROFINET	1 个接口			2 个接口
实时时钟保持时间	典型 10 天/最低 6 天，40 ℃			
数字运算执行速度	2.3 μs/指令			
布尔运算执行速度	0.08 μs/指令			

（2）信号板

信号板（Signal Board，SB）直接安装在 CPU 模块的正面插槽中，如图 14-5 所示，不会增加安装的空间。使用信号板可以增加 PLC 的数字量 I/O 信号和模拟量 I/O 信号的点数。每个 CPU 模块只能安装一块信号板。

图 14-5　信号板

信号板的选型参照表 14-2。

表 14-2　信号板型号参数表

信号板型号	参数
SB 1221	4DI，5 V DC，最高 200 kHz 高速计数器（High Speed Counter，HSC）
	4DI，24 V DC，最高 200 kHz HSC
SB 1222	4DQ，5 V DC，0.1 A，最高 200 kHz PWM/PTO
	4DQ，24 V DC，0.1 A，最高 200 kHz PWM/PTO

信号板型号	参数
SB 1223	2DI, 5 V DC, 最高 200 kHz HSC, 2DQ, 5 V DC, 0.1 A, 最高 200 kHz PWM/PTO
	2DI, 24 V DC, 最高 200 kHz HSC, 2DQ, 5 V DC, 0.1 A, 最高 200 kHz PWM/PTO
	2DI, 24 V DC, 2DQ, 24 V DC, 0.1 A
SB 1231 AI	1AI, ±10 V DC (12 bit) 或者 0~20 mA
SB 1231 RTD	1AI, RTD, PT100 或 PY1000（热敏电阻）
SB 1231 TC	1AI, J 或 K 型（热电偶）
SB 1232 AQ	1AI, ±10 V DC (12 b) 或者 0~20 mA (11 b)

（3）通信板

S7-1200 的通信板直接安装在 CPU 的正面插槽中，只有 CB1241 RS485 一种型号，支持 Modbus RTU 和点对点（PTP）等通信连接。通信板外观如图 14-6 所示。

（4）通信模块

通信模块（Communication Module, CM）安装在 PLC 的左侧，S7-1200 PLC 最多可以安装 3 个通信模块。可以使用点对点通信模块、PROFIBUS 通信模块、工业远程通信通用分组无线服务（GPRS）模块、传感器/执行器接口（Actuator Sensor interface, AS-i）模块和 IO-Link 模块等，可通过博途 STEP7 软件提供的相关通信指令，实现与外部设备的数据交互。S7-1200 PLC 通信模块的通信网络如图 14-7 所示。

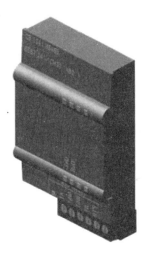

图 14-6　通信板外观

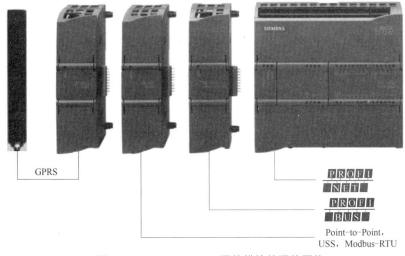

图 14-7　S7-1200 PLC 通信模块的通信网络

（5）信号模块

信号模块（Signal Module，SM）安装在 PLC 的右侧，使用信号模块，可以增加数字量输入、输出和模拟量输入、输出的点数，实现对外部信号的采集和对外部对象的控制。

1）数字量模块。

数字量模块分为数字量输入模块和数字量输出模块。数字量输入模块用于采集各种控制信号，如按钮、开关、时间继电器、过电流继电器以及其他一些传感器等信号。数字量输出模块输出开关量控制信号，如接触器、继电器及电磁阀等工作的信号。不同的数字量信号模块有不同的技术规范，其中 SM1221 DI 8 数字量输入模块技术规范如表 14-3 所示；SM1221 DQ 8 数字量输出模块技术规范如表 14-4 所示。

表 14-3　SM1221 DI 8 数字量输入模块技术规范

型号	SM1221 DI 8×24 V DC
订货号	6ES7 221-1BF32-0XB0
输入点数	8
类型	漏型/源型（IEC1 类漏型）
额定电压	当电流为 4 mA 时为 240 V DC
允许的连续电压	30 V DC（最大）
浪涌电压	35 V DC（持续 0.5 s）
逻辑 1 信号（最小）	当电流为 2.5 mA 时为 15 V DC
逻辑 0 信号（最大）	当电流为 1 mA 时为 5 V DC
隔离（现场侧与逻辑侧）	707 V DC（型式测试）
隔离组	2
同时接通的输入数	8
尺寸 $W×H×D$	45 mm×100 mm×75 mm

表 14-4　SM1221 DQ 8 数字量输出模块技术规范

型号	SM1221 DQ 8	
订货号	6ES7 222-1BF32-0XB0	6ES7 222-1HF32-0XB0
输入点数	8	
类型	晶体管	继电器、干触点
电压范围	20.4~28.8 V DC	5~30 V DC 或 5~250 V AC
允许的连续电压	30 V DC（最大）	—
具有 10 kΩ 负载时的逻辑 0 信号	0.1 V 最大	—
电流（最大）	0.5 A	2.0 A

型号	SM1221 DQ 8	
灯负载	707 V DC（型式测试）	30 V DC/200 W AC
通态触点电阻	0.6 Ω 最大	新设备最大值为 0.2 Ω
每点的漏电流	10 μA	—
浪涌电流	8 A（最长持续时间为 100 ms）	触点闭合时为 7 A
隔离（现场侧与逻辑侧）	1 500 AC（线圈与触点），无（线圈与逻辑侧）	707 V DC
开关延迟	从断开到接通最长延迟为 50 μs，从接通到断开最长延迟为 200 μs	最长延迟为 10 ms
尺寸 W×H×D	45 mm×100 mm×75 mm	

2）模拟量信号模块。

模拟量信号模块分为模拟量输入模块和模拟量输出模块。模拟量输入模块用于采集各种控制信号，如压力、温度和位移等变送器的标准信号。模拟量输出模块输出模拟量控制信号，如变频器、电动阀和温度调节器等工作的信号。

不同的模拟量信号模块有不同的技术规范，其中 SM1231 AI 4 模拟量输入模块技术规范如表 14-5 所示。

表 14-5　SM1231 AI 4 模拟量输入模块技术规范

型号	SM1221 DI 8×24 V DC
订货号	6ES7 221-1BF32-0XB0
输入点数	8
类型	漏型/源型（IEC1 类漏型）
额定电压	当电流为 4 mA 时为 240 V DC
允许的连续电压	30 V DC（最大）
浪涌电压	35 V DC（持续 0.5 s）
逻辑 1 信号（最小）	当电流为 2.5 mA 时为 15 V DC
逻辑 0 信号（最大）	当电流为 1 mA 时为 5 V DC
隔离（现场侧与逻辑侧）	707 V DC（型式测试）
隔离组	2
同时接通的输入数	8
尺寸 W×H×D	45 mm×100 mm×75 mm

（6）附件

西门子 S7-1200 PLC 还配有几种附件供用户选用，包括存储卡、电池板、模块扩展电缆、电源模块、紧凑型交换机模块和输入仿真器等，如图 14-8 所示。

（a） （b） （c） （d） （e） （f）

图 14-8 西门子 S7-1200 PLC 可选用的附件

（a）存储卡；（b）电池板；（c）扩展电缆；（d）电源模块；（e）交换机模块；（f）输入仿真器

14.5 项目评价

项目评分表如表 14-6 所示。

表 14-6 评分表

项目			
班级			姓名
序号	目标	内容	配分/分	评分/分
1	知识目标 （40分）	熟悉西门子 S7-1200 PLC 工作原理	20	
2		熟悉西门子 S7-1200 PLC 工作过程	20	
3	技能目标 （40分）	能够分析 PLC 工况需求	20	
4		能够正确连接 PLC 及其附件	20	
5	素质目标 （20分）	具备工匠精神及一丝不苟的工作态度	20	
总分/分			100	

思考与练习

1. PLC 的定义是什么？

2. 简述 PLC 的工作原理。

3. 西门子 S7-1200 PLC 的硬件都包括什么？各有什么功能？

项目 15　TIA 博途软件开发平台

项目目标

素质目标

❖ 正确安装 TIA 博途 V16 软件中的各组成部分。

❖ 使用 TIA 博途 V16 软件时，能根据需要打开相应的组件。

知识目标

❖ 熟悉 TIA 博途 V16 软件的组成。

❖ 熟悉 TIA 博途 V16 软件开发平台的各种功能。

技能目标

❖ 能够正确安装 TIA 博途 V16 软件。

❖ 能够打开 TIA 博途 V16 的界面并熟悉其组成。

15.1　项目引入

　　TIA 博途（Portal）软件是一个可以完成各种自动化任务的工程软件平台，其设计把直观、高效、可靠作为关键因素，在界面设置、窗口规划布局等方面进行了优化。TIA 博途软件作为整个系统应用解决方案中统一的工程组态平台，构建了一个统一的整体系统环境，在这个平台上，不同功能的软件包可以同时运行，给用户带来全新的设计体验。

15.2　项目分析

　　TIA 博途软件作为一切未来软件工程组态包的基础，可对西门子全集成自动化中所涉及的所有自动化和驱动产品进行组态、编程和调试。例如，用于 SIMATIC 控制器的新型 SIMATIC STEP7 V16 自动化软件以及用于 SIMATIC HMI 和过程可视化应用的 SIMATIC WinCC V16。作为西门子所有软件工程组态包的一个集成组件，TIA 博途平台在所有组态界面间提供高级共享服务，向用户提供统一的导航并确保系统操作的一致性。例如，自动化系统中的所有设备和网络可在一个共享编辑器内进行组态。在此共享软件平台中，项目导航、库概念、数据管理、项目存储、诊断和在线功能等会作为标准配置提供给用户。统一的软件开发环境由 PLC、HMI 和驱动装置组成，有利于提高整个自动化项目的效率。此外，TIA 博途软件在控制参数、程序块、变量、消息等数据管理方面进行优化，所有数据只需要输入一次，大大减少了自动化项目的软件工程组态时间，降低了成本。TIA 博途软件的设计基于面向对象和集中数据管理，避免了数据输入错误，实现了无缝的数据一致性。使用项目范围内的交叉索引系统，用户可在整个自动化项目内轻松查找数据和程序块，极大地缩短了软件项目的故障诊断和调试时间。

15.3 相关知识

TIA 博途软件采用新型、统一的软件框架，可在同一开发环境中组态西门子的所有 PLC、HMI 和驱动装置。在控制器、驱动装置和 HMI 之间建立通信时的共享任务，可大幅降低连接和组态成本。例如，用户可方便地将变量从 PLC 拖动到 HMI 设备的画面中。然后在 HMI 内即时分配变量，并在后台自动建立控制器与 HMI 的连接，无须手动组态。

通过完整的自动化任务软件包，可优化工程组态。通过 TIA 博途软件，不仅可集成基本软件（STEP 7、WinCC、Startdrive、SIMOCODE ES 和 SIMOTION SCOUT TIA），还可在单一界面中执行多用户管理和能源管理等新的功能。

通过 TIA 博途软件，用户可以不受限制地访问西门子的完整数字化服务系列——从数字化规划和一体化工程到透明地运行。新版本通过仿真工具等来缩短产品上市时间，通过附加诊断及能源管理功能提高工厂生产力，并通过连接到管理层来提供更大的灵活性。新的功能选项将使系统集成商和机器制造商以及工厂运营商获益。因此，TIA 博途软件是数字化企业实现自动化的理想途径。TIA 博途软件与 PLM 和 MES 一起，构成数字化企业套件的一部分，对西门子的全面产品线加以补充，可帮助用户踏上通向工业 4.0 之路。

SIMATIC STEP 7 V16 是基于 TIA 博途软件的全新工程组态软件，支持 SIMATIC S7-1500、SIMATIC S7-1200、SIMATIC S7-300 和 SIMATIC S7-400 控制器，同时也支持基于 PC 的 SIMATIC WinAC 自动化系统；支持所有设备级 HMI 操作面板，包括所有当前的 SIMATIC 触摸型和多功能面板、新型 SIMATIC HMI 精简及精致系列面板，也支持基于 PC 的监控和数据采集系统（Supervisory Control And Data Acquisition，SCADA）等过程可视化系统。由于支持各种 PLC，SIMATIC STEP 7 V16 具有可灵活扩展的软件工程组态能力和性能，能够满足自动化系统的各种要求。这种可扩展性的优点表现为可将 SIMATIC 控制器和 HMI 设备的已有组态传输到新的软件项目中，使软件移植任务所需的时间和成本显著减少。

15.4　项目实施

15.4.1　熟悉 TIA 博途软件的组成

TIA 博途软件是业内首个采用集工程组态、软件编程和项目环境配置于一体的全集成自动化软件，几乎涵盖了所有自动化控制编程任务。借助该全新的工程技术软件平台，用户能够快速、直观地开发和调试自动化控制系统。

TIA 博途软件与传统自动化软件相比，无须花费大量的时间集成各个软件包，它采用全新的、统一的软件框架，可在统一开发环境中组态西门子所有的 PLC、HMI 和驱动装置，实现统一的数据和通信管理，可大大降低连接和组态成本。

TIA 博途软件主要包括 STEP 7，WinCC 和 Startdrive 三个软件，当前最高的 TIA 博途软件版本为 V18。本教材以 TIA 博途 V16 软件为例进行介绍。

TIA 博途 V16 软件包括以下功能。

1）TIA Portal_STEP_Pro_WINCC_Adv_V16，用于 SIMATIC S7 系列和 SIMATIC 系列的 HMI 产品开发。

2）SIMATIC_S7 PLCSIM_V16，用于对 SIMATIC S7 系列的 CPU 进行仿真。

3）SIMATIC_Startdrive V16，用于 SIMATIC G/S 系列变频器产品的开发。

15.4.2　熟悉 TIA 博途 V16 软件的特点

1）提高了设计效率，所有的自动化任务采用统一的工程工具完成。

2）采用了创新的自动化设备。控制器支持 S7-1200 PLC，S7-300 PLC，S7-400 PLC，S7-1500 PLC；在输入、输出方面可以与 SIMATIC ET200 系列 CPU 进行通信；在 HMI 方面支持 SIMATIC 精简系列面板、精智系列面板、移动式面板及 SIMATIC HMI SPLUS 面板；在驱动方面可以组态 SINAMICS G/S 系列变频器。

3）无缝的驱动系列集成与工程设计。

4）提升的功能：自动系列诊断、集成安全系统及高性能 PROFINET 通信。

5）直观、高效、可靠、快捷。

①直观。简单易用，基于任务的方式，更加智能，学习起来简单轻松。

②高效。创新和高效的功能，非常适合快速编辑、调试和维护。

③可靠。可重复利用已有的自动化解决方案，非常容易地进行复制及增加新的产品，扩展已经验证的解决方案。

④快捷。界面简洁，可以支持变量、库资料的快速关联与拖动，省去烦琐的寻找步骤。

6）具有集成的安全功能、一致的操作理念、强大的在线功能。

7）高效的设计：自动系统诊断、集成技术功能、PROFINET 通信、控制器 HMI 驱动直接交互、创新的编程语言、强大的库功能。

8）强大的兼容性和最大限度的投资保护，多层次的知识产权保护；可量身打造系统解决方案；良好的用户反馈。

15.4.3　熟悉 TIA 博途 V16 软件的界面

为了提高工作效率，TIA 博途 V16 软件的自动化项目提供了两个不同的用户使用视图，即博途视图和项目视图。博途视图是一种面向任务的项目任务视图；项目视图是一种包含所有组件和相关工作区的视图。对于博途视图和项目视图，用户可以根据需要切换；TIA 博途 V16 软件的博途视图如图 15-1 所示，TIA 博途 V16 软件的项目视图如图 15-2 所示。

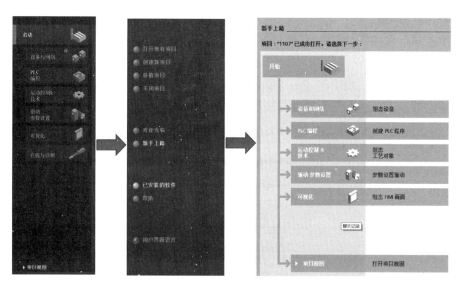

图 15-1　TIA 博途 V16 软件的博途视图

（1）博途视图

博途视图采用面向任务的工作模式，使用简单、直观，用户可以快速地利用该视图开始项目设计。通过博途视图，用户可以访问项目的所有组件。

在博途视图中，左边栏是启动选项，列出了安装的软件包及所涵盖的功能，根据不同的选择，中间栏会自动筛选出可以进行的操作，右边的操作面板中会更详细地列出具体的操作项目。

（2）项目视图

项目视图可以显示项目的全部过程组件。在该视图中，用户可以方便地访问设备和块。项目的层次化结构以及编辑器、参数和数据等全部显示在该视图中。项目视图界面组成如图 15-3 所示。

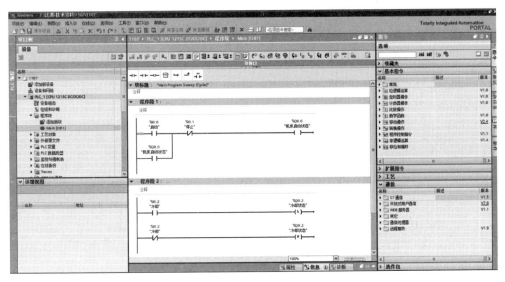

图 15-2　TIA 博途 V16 软件的项目视图

项目树：用于显示整个项目的各个元素，以及所有的设备和项目数据等。项目树中的内容非常丰富，添加新设备、编辑已有的设备，扫描并更改现有项目数据的属性等，都可以在项目树中操作。

工作区：用于显示和编辑打开的对象，包括编辑器、视图及表。

检查器窗口：用于显示与被选择对象或已执行活动等有关的附加信息。

编辑器栏：用于显示已经打开的编辑器，在编辑器栏中可以对打开的对象进行快速切换。

任务卡：根据被编辑或被选定对象的不同，可以使用任务卡执行附加的可用操作，包括从库或者硬件目录中选择对象等。

详细视图：用于显示总览窗口和项目树中所选择对象的特定任务，包括文本列表或者变量。

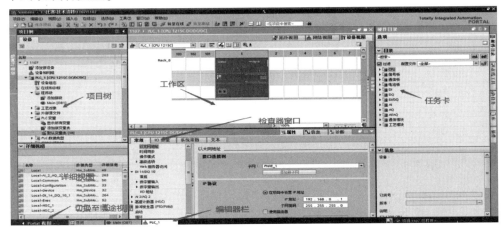

图 15-3　TIA 博途 V16 软件的项目视图界面组成

15.5 项目评价

项目评分表如表 15-1 所示。

表 15-1 评分表

项目				
班级			姓名	
序号	目标	内容	配分/分	评分/分
1	知识目标	熟悉 TIA 博途 V16 软件的组成	10	
2		熟悉 TIA 博途 V16 软件的各项功能	20	
3	技能目标	能够正确安装 TIA 博途 V16 软件	20	
4		能够正确使用 TIA 博途 V16 软件界面的各组成部分开发程序	30	
5	素质目标	具备强烈的责任感和担当精神	20	
总分/分			100	

思考与练习

1. TIA 博途 V16 软件是一个怎样的软件？

2. TIA 博途 V16 软件都集成了哪几种软件？

3. TIA 博途 V16 软件能做什么？

项目 16　TIA 博途软件操作

项目目标

素质目标

根据项目控制需求，可以在 TIA 博途 V16 软件开发平台上操作实现创建、保存工程，并能完成编程、编译、仿真、监控等常用的操作。

知识目标

❖ 熟悉 TIA 博途 V16 软件的界面组成。

❖ 熟悉 TIA 博途 V16 软件开发平台不同界面组成部分的功能。

❖ 熟悉 TIA 博途 V16 软件界面各组成部分的基本操作。

❖ 熟悉 TIA 博途 V16 软件的版本。

❖ 熟悉 TIA 博途 V16 软件开发平台中各组件的版本。

技能目标

❖ 能够在 TIA 博途 V16 软件上创建一个典型的启保停项目，根据控制需求，完成 PLC 程序的编制、编译，并保证正确无误。

❖ 利用 TIA 博途 V16 软件的仿真功能，正确仿真出启保停控制回路的正确状态。

❖ 掌握 TIA 博途 V16 软件对变量状态、梯图逻辑的在线监控。

❖ 掌握 TIA 博途 V16 软件下载程序到 PLC 的操作。

❖ 掌握上传 PLC 程序到 TIA 博途 V16 软件的操作。

16.1　项目引入

在电气控制领域，最基础的莫过于启保停控制回路，学过电工学、机电设备控制等专业基础课以后，都比较熟悉用继电器实现启保停控制回路，但如何用 PLC 采用编程的方式实现启保停控制回路呢？本项目用全新的 PLC 编程实现启保停控制，开启 PLC 学习之旅。

16.2 项目分析

本节以电动机启保停控制为实例，阐述 TIA 博途 V16 软件的操作。其主要的设计步骤包括生成项目、项目组态、地址分配、编辑程序、下载程序、调试程序和上传项目。

16.3 相关知识

16.3.1 软件组成（Professional 专业版）

1）SIMATIC STEP 7 Professional V16，用于硬件组态和编写 PLC 程序。

2）SIMATIC STEP 7 PLCSIM V16，用于仿真调试。

3）SIMATIC WinCC Professional V16，用于组态可视化监控系统，支持触摸屏和 PC 工作站。

4）SINAMICS Startdrive V16，用于设置和调试变频器。

5）STEP 7 Safety Advanced V16，用于安全型 S7 系统。

16.3.2 软件安装要求

1）处理器：4 核以上。

2）内存：不少于 8 GB，建议 16 GB。

3）硬盘：500 GB 以上。

4）显示器：不小于 15.6 寸①宽屏。

5）图形分辨率：不低于 1 920 px×1 080 px。

6）操作系统：Windows 10 Professional Version。

16.4 项目实施

16.4.1 生成项目

首先打开 TIA 博途 V16 软件，并创建新项目，将其命名为"启保停控制"，其余的路径、版本、作者、注释可以默认，如图 16-1 所示。

创建成功后在界面的左下方显示"已打开的项目：路径及项目名称"。同时在左边还有"项目视图"按钮可以切换到项目视图，进行项目编程操作，如图 16-2 所示。

---

① 此处寸是指英寸，1 英寸 = 2.54 cm。

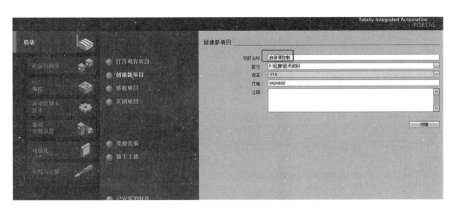

图16-1　用TIA博途V16软件创建新项目"启保停控制"

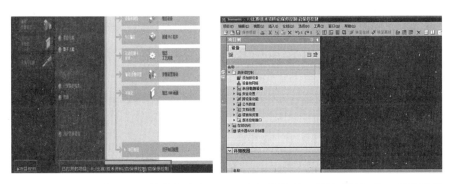

图16-2　用TIA博途V16软件创建新项目"启保停控制"并将界面切换至项目视图

16.4.2　设备组态

设备组态的任务就是在设备与组态编辑器中生成一个与实际的硬件系统完全相同的虚拟系统，包括系统汇总的设备（PLC、HMI、通信模块和信号板等），PLC各模块的型号、订货号和版本、模块的安装位置和设备之间的通信连接，都应与实际的硬件系统完全相同。本实例采用的实际操作如下。

1）在左侧项目树中双击"添加新设备"选项，在打开的"添加新设备"对话框中选择左侧的"控制器"选项，在右侧选择"SIMATIC S7-1200"→"CPU"→"CPU 1215C DC/DC/DC"→"6ES7 215-1AG40-0XB0"选项，注意版本号要与实际硬件PLC一致，单击"确定"按钮。界面操作如图16-3所示。

2）在项目树中展开"1215C"，双击"设备组态"，在"设备概览"选项卡中可以看到14数字量输入字节（DI 14）I地址为0…1，即I0.0到I1.5（可以自定义起始字节）；10数字量输出字节（DQ 10_1）Q地址为0…1，即Q0.0到Q1.1（可以自定义起始字节），两路模拟量地址为AI64和AI66，如图16-4所示。

3）设置PLC的IP地址。单击视图中的"CPU"，再选择"属性"选项卡，选择"以太网地址"选项，配置网络IP地址，在"子网"下拉列表框中选择新

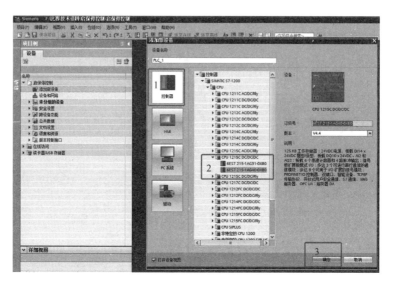

图16-3　添加新设备

图16-4　设备组态

子网，将"IP 地址"设置为 192.168.0.1（默认，可修改），将"子网掩码"设置为 255.255.255.0。注意所设置的 PLC 的 IP 地址应该和 PC 的 IP 地址在同一网段内，即前三段数字相同，最后一段数字不同，如图16-5所示。

此外，在 CPU 属性中，可以配置 CPU 的各种参数，如 CPU 的通信参数、本体的 I/O 参数、高速计数器参数、脉冲发生器参数、启动属性、系统时钟和保护参数等，可根据项目需求进行相应的设置。

16.4.3　地址分配

为了方便程序的编写和阅读，应该给 PLC 进行地址分配，依据启保停控制回路的需求定义输入、输出变量，如表16-1所示。

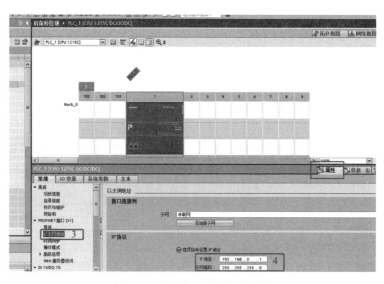

图 16-5　设置 PLC 的 IP 地址

表 16-1　项目地址明细

变量名称	变量类型	变量地址
启动按钮	Bool	I0.0
停止按钮	Bool	I0.1
电机控制	Bool	Q0.0

在左侧项目树中选择"PLC 变量"选项，双击其下的"默认变量表"选项，打开 PLC 默认变量表，并将表 16-1 中定义的变量在 PLC 默认变量表中进行定义，如图 16-6 所示。

注意：项目输入输出变量地址要和 PLC 硬件接线端子地址对应，否则，即使正常输入输出信号，也无法实现 PLC 正常控制。另外，如果项目用到的变量较多，为了便于管理，还可以双击"添加新变量表"选项来创建多个变量表，用于变量的分类管理，便于后期的使用和查找关联。

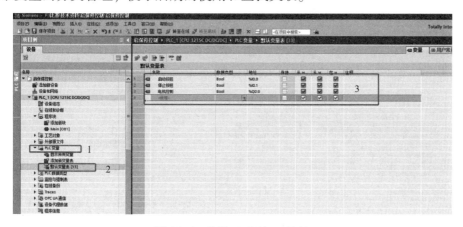

图 16-6　分配 PLC 的 IP 地址

16.4.4 程序编辑

在项目树窗口中，选择"PLC_1［CPU 1215C DC/DC/DC］"→"程序块"选项，然后双击下面的"Main［OB1］"选项，打开 OB1 主程序块，并在工作区编写 OB1 主程序块内的梯形图程序，如图 16-7 所示。

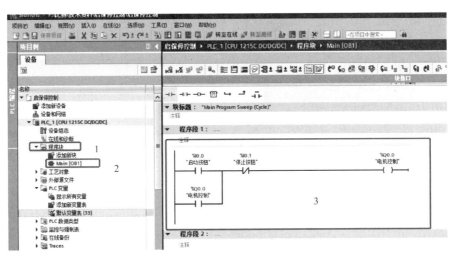

图 16-7　在 OB1 主程序块中编写程序

注意：在梯形图中新添加触点、线圈、空功能框及打开分支、嵌套闭合图表时，先选中梯形图添加的位置，然后单击上面的触点、线圈、空功能框及打开分支、嵌套闭合图表按钮进行添加，如图 16-8 所示。最后编译编写好的梯形图程序，检查并修改语法错误，直至错误为 0，如图 16-9 所示，先单击工具栏中的"编译图表"按钮 ，然后观察下方"信息"选项卡中的"编译"选项卡中的编译结果信息。

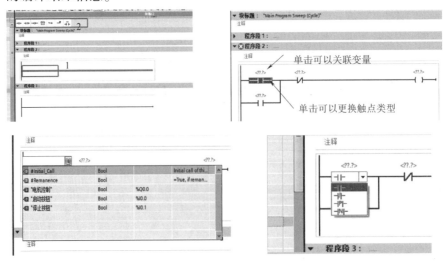

图 16-8　梯形图程序编写操作

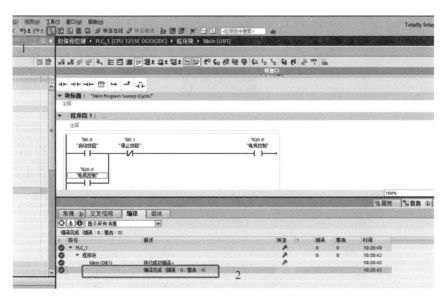

图 16-9　编译梯形图程序

16.4.5　下载程序

如果连接 PLC 硬件正确，就可以单击工具栏中的"下载图表"按钮 ![icon] 进行下载程序，这里采用仿真器的方式演示程序下载。

1）选择项目树中的"PLC_1［CPU 1215C DC/DC/DC］"或"程序块"选项，然后单击工具栏上的"启动仿真"按钮 ![icon] 启动仿真器，如图 16-10 所示，仿真器界面及功能如图 16-11 所示。

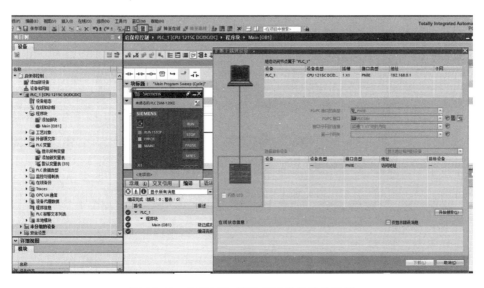

图 16-10　启动 TIA 博途 V16 软件的仿真器

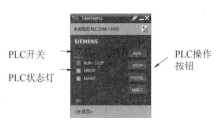

图 16-11　TIA 博途 V16 软件的仿真器界面及功能

2）在"扩展下载到设备"对话框单击"开始搜索"按钮，如图 16-12 所示。然后在搜索到仿真器中的 PLC 时，单击下方的"下载"按钮下载程序到仿真器中的 PLC 中。

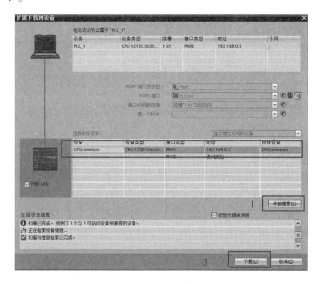

图 16-12　TIA 博途 V16 软件下载梯形图程序到仿真器

16.4.6　调试程序

1）程序运行监视。单击工具栏中的"转至在线"按钮，单击"启用/禁用监视"按钮，如图 16-13 所示。监视正常显示画面如图 16-14 所示。

梯形图出现能流显示，其中绿色实线表示左侧能流当前能流到（接通）的

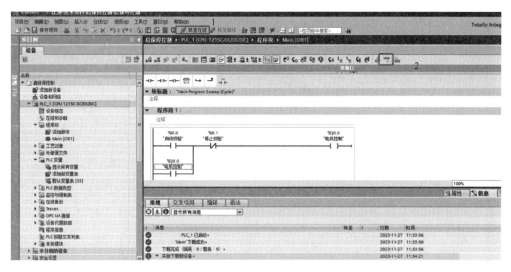

图 16-13　将 PLC 转入在线和对 PLC 程序进行在线监视

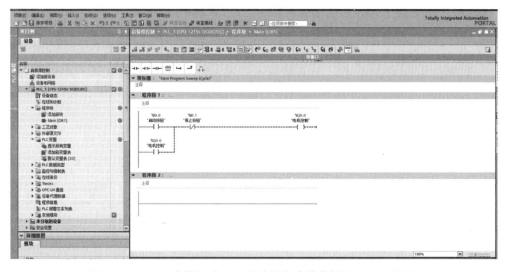

图 16-14　PLC 在线和对 PLC 程序进行在线监视显示（附彩插）

回路，蓝色虚线代表当前能流不能流到（未接通）的回路。当前启动按钮未启动，所以电动机输出线圈"电机控制 Q0.0"未导通，电动机不能启动。

2）用监控表监视和修改变量。在项目视图中，选择左侧项目树中的"监控与强制表"选项，并双击"添加新监控表"选项，软件自动建立一个新的监控表"监控表_1"，将 PLC 的变量名称输入刚建立的变量表的"名称"中，则变量名称所对应的地址和显示格式将自动生成。也可以将上述 PLC 变量表中的变量复制粘贴到监控表中。再单击工具栏中的"启动/禁止监视"按钮，在监控表中就可以看到变量的监视值。如图 16-15 所示，"启动按钮"的监视值为 FALSE（0），"停止按钮"的监视值为 FALSE（0），"电机控制"的监视值为 FALSE（0），对应颜色为灰色。

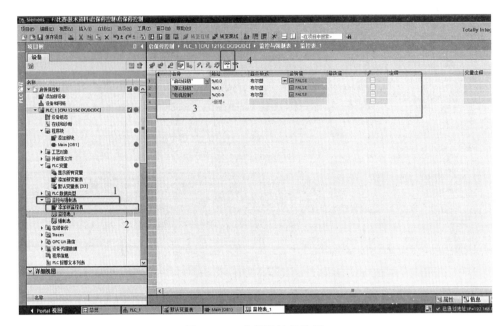

图 16-15　变量监控的使用

注意：在 RUN 模式下，不能修改 I 区分配给硬件的数字量输入点的状态，因为它们的状态取决于外部输入电路的通断状态。输出区 Q 的状态可以在监视表中通过修改变量的值来修改。

在监视表修改变量的值时，有两种方法，一是直接在"修改值"一列进行修改，并在工具栏单击"一次性修改所有值"按钮，然后单击"立即一次性修改选中的变量"按钮；二是右击，在弹出的快捷菜单中选择"修改"→"立即修改"选项。在要修改的变量上右击，在弹出的快捷菜单中选择"修改"→"修改为 0"或"修改为 1"选项也可以进行修改，如图 16-16 所示。

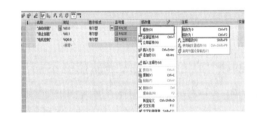

图 16-16　变量值的修改

如果要修改输入 I 区的数字量的值，则可以采用触发器监视/修改的方式。单击"显示/隐藏扩展模式列"按钮，使用触发器进行监视修改。如果设置永久监视/修改，则 I0.0 的修改值为 1，显示修改值为 TRUE，如图 16-17 所示。单击"使用触发器进行修改"按钮，在弹出的对话框中单击"是"按钮，则 I0.0 的监视值为 TRUE，Q0.0 的监视值也是 TRUE，如图 16-18 所示。

图 16-17　用触发器进行监视的操作

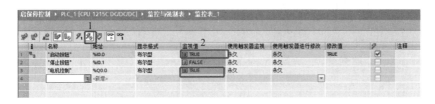

图 16-18　用触发器进行监视的结果

3）监视梯形图。用触发器修改监视变量 I0.0 的值为 TRUE 时，梯形图导通，Q0.0 输出 TRUE，如图 16-19 所示。

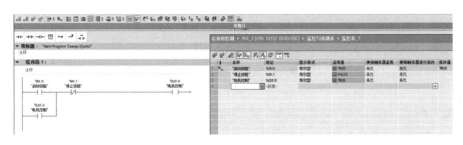

图 16-19　梯形图状态监视

16.4.7　上传项目

有时候需要将在线 PLC 中的程序和硬件组态上传到编程设备中，上传项目分为两步完成，第一步是上传硬件配置；第二步是上传程序块。

（1）上传硬件配置

1）打开 TIA 博途 V16 软件，创建一个新项目，并进入项目视图。

2）添加一个新设备，选择"非特定的 CPU 1200"选项，而非具体的 CPU，如图 16-20 所示。

注意：在"版本"下拉列表框中选择的版本号应与实际上传到设备的版本号一致。

3）选择"在线"选项，再选择"硬件检测"选项。打开"对 PLC_1 进行硬件检测"对话框，目标子网中的兼容设备选择"PLC_1"，单击"检测"按钮。如图 16-21 所示，CPU 和所有模块的组态信息将被上传，在线 CPU 的 IP 地址也将被上传，但不会上传其他配置，必须在设备视图中手动组态 CPU 和各模块的配置。

图 16-20　上传硬件配置

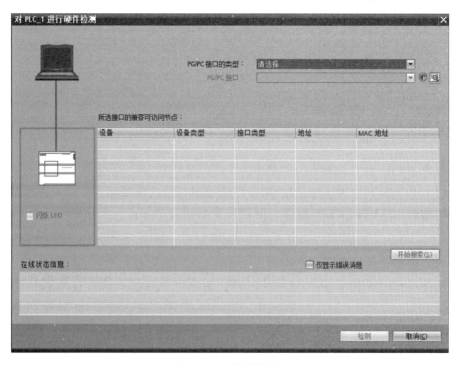

图 16-21　硬件检测

（2）程序上传

在工具栏中单击"转至在线"按钮，这时"上传"工具有效。

单击"上传"按钮，在打开的"上传预览"对话框中单击"从设备上传"按钮，即可把程序全部上传到项目中。

16.5 项目评价

项目考核评分表如表 16-2 所示。

表 16-2　评分表

项目名称				
班级			姓名	
序号	环节	明细	配分/分	评分/分
1	项目引入 （20分）	能够理解项目要求	5	
		可以积极自主查阅资料	5	
		能够回答引导问题	10	
2	TIA 博途 V16 软件 开发平台操作 （40分）	独立完成用 TIA 博途 V16 软件创建新项目的操作，并根据项目要求添加设备到项目中	10	
		能够完成项目中的设备组态	5	
		正确分配变量至变量表中	5	
		正确设定各通信设备的 IP 地址	5	
		编写梯形图程序，能够编译、下载、上传、监控程序	10	
		可以根据监控状态分析程序逻辑是否正确	5	
3	案例仿真 （30分）	正确启动仿真器	10	
		能够使用强制表和监视表	15	
		能够独立测试梯形图程序的逻辑	5	
4	职业素养 （10分）	软件操作流畅	5	
		做事有计划、有安排	5	
总分/分			100	

思考与练习

1. 简述 TIA 博途 V16 软件的组成。

2. 简述用 TIA 博途 V16 软件创建项目的过程。

3. 简述 TIA 博途 V16 软件的功能。

项目 17　PLC 控制电动机正反转

项目目标

素质目标

根据项目控制需求，合理选择 PLC 及其他电器元件，按照国家规范连接各硬件，利用 TIA 博途 V16 软件进行 PLC 编程、调试、仿真，最后下载至 PLC，并运行。

知识目标

❖ 熟悉典型电动机正反转控制回路的设计。

❖ 熟悉低压电气元件的选型。

❖ 熟悉 TIA 博途 V16 软件开发平台操作步骤。

❖ 熟悉 TIA 博途 V16 软件下载 PLC 程序。

❖ 熟悉 TIA 博途 V16 软件对 PLC 程序的在线监控。

技能目标

❖ 能够在 TIA 博途 V16 软件上创建一个新项目，并组态各硬件。

❖ 合理分配 PLC 变量地址，为 PLC 编程作准备。

❖ 掌握 TIA 博途 V16 软件中 PLC 互锁功能的使用。

❖ 掌握 TIA 博途 V16 软件下载程序到 PLC 的操作。

❖ 掌握 TIA 博途 V16 软件联机本地 PLC 的操作，实现梯形图、变量表的在线监控。

❖ 掌握 TIA 博途 V16 软件进行仿真 HMI 电动机控制。

17.1　项目引入

在电气控制领域，常见的控制回路之一是电动机正反转控制回路，学过电工学、机电设备控制等专业基础课以后，学生都比较熟悉用继电器、接触器实现电动机正反转控制，但如何用 PLC 编程的方式实现电动机正反转控制，如何使用 PLC 梯形图实现正反转互锁呢？本项目用全新的 PLC 编程实现电动机正反转控制，开启 PLC 学习之旅。

17.2 项目分析

PLC 作为自动化工控系统的核心，不但需要接收操作人员的控制指令和工业现场的状态信息，还需要执行机构执行这些指令，而且要周期性地重复以上过程，以便及时响应生产过程中输入条件的变化。

本项目以 PLC 为控制器实现电动机正反转控制。在系统调试运行时，打开程序状态监视功能。请认真观察操作正转启动按钮、反转启动按钮、停止按钮时，PLC 的输入/输出指示灯的亮灭情况以及用户程序中各元器件的通断状态和输出元器件的逻辑结果。结合观察结果进一步加深对 PLC 工作原理和循环扫描模式的理解。

17.3 相关知识

功能块（Function Block，FB）是用户编写的有自己存储区（背景数据块）的块，功能块的典型应用是执行不能在一个扫描周期内结束的操作。每次调用功能块时，需要指定一个背景数据块，背景数据块随着功能块的调用而打开，在调用结束时自动关闭。功能块的输入参数、输出参数和静态参数（static）用指定的背景数据块保存，但是不会保存临时局部变量（temp）。功能块执行完毕后，背景数据块中的数据不会丢失。

若在项目中需要多次调用 FB 来控制被控对象，每次调用时，都要为定时器指令指定一个背景数据块，如果调用次数很多，则会出现大量的背景数据块"碎片"，在程序中使用多重背景数据块可以减少背景数据块的数量，更合理地利用存储空间。但要注意，只能为系统库中包含的功能块提供多重背景数据块，不能为用户自定义的功能块创建多重背景数据块。

17.4 项目实施

"PLC 控制电动机正反转运行"项目的完成通常包括分析设备工作过程，明确输入/输出元器件，分配 I/O 地址，选择性价比合适的电路硬件，设计电气原理图，完成硬件电路接线，设计控制程序和电路运行调试等工作。在这里只简要分析设备工作过程，明确输入/输出元器件，分配 I/O 地址，设计电气原理图等环节，重点观察系统调试过程。

17.4.1 控制要求

PLC 控制电动机正反转工作过程：按下按钮 SB_2，电动机正向启动，并能连续运行；此时按下按钮 SB$_3$，电动机无动作，按下按钮 SB$_1$ 后，电动机停止。反向启动控制过程与正向类似。

通过以上分析，明确输入/输出元器件，分配 I/O 地址，如表 17-1 所示。

表 17-1　PLC 控制电动机正反转运行 I/O 地址分配

输入地址分配		输出地址分配	
输入地址	功能描述	输出地址	功能描述
I0.0	正向启动按钮 SB$_2$	Q0.0	正转接触器 KM$_1$
I0.1	反向启动按钮 SB$_3$	Q0.1	反转接触器 KM$_2$
I0.2	停止按钮 SB$_1$		

17.4.2　电路设计

继电器控制系统实现电动机接触器正反转运行控制电路如图 17-1 所示。本节选用西门子公司的 SIMATIC S7-1200 系列 PLC（CPU 型号为 CPU 1215C DC/DC/DC，订货号 6ES7 215-1AG40-0XB0）作为控制器，PLC 控制电动机正反转硬件电路如图 17-2 所示。电动机正反转的 PLC 控制程序如图 17-3 所示。

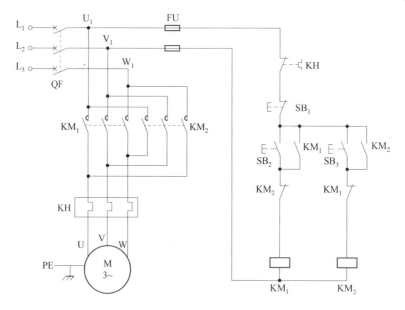

图 17-1　电动机接触器互锁正反转运行控制电路

17.4.3　调试运行

按照图 17-2 完成主电路和 PLC 控制电路的连接。调试时，先接通 PLC 控制电路电源，由于按钮 SB$_1$，SB$_2$，SB$_3$ 都连接的是常开触点，因此可以避免未按压时支路导通。在 S7-1200 PLC 处于 RUN 状态后，每个扫描周期开始时，PLC

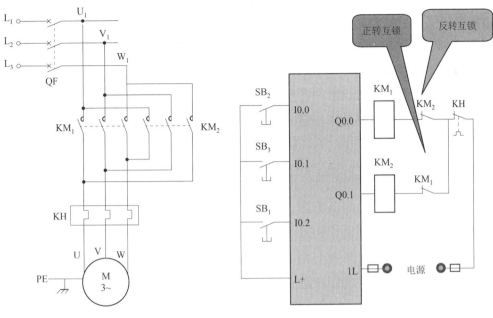

图 17-2　PLC 控制电动机正反转硬件电路

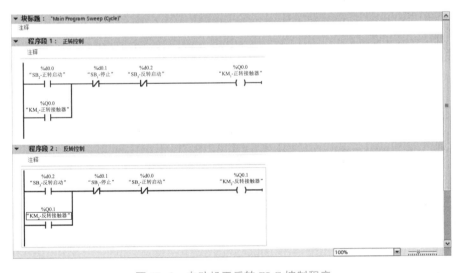

图 17-3　电动机正反转 PLC 控制程序

首先执行 CPU 自诊断的程序，检查故障和通信请求。然后进入输入采集阶段，此时 PLC 对所有输入端子进行扫描，如果启动按钮或停止按钮的触点动作，则 PLC 将检测到对应的输入信号变化，并将其读入映像寄存器中暂存，最后进入执行阶段。

在执行程序段阶段，PLC 的 CPU 将指令逐条调出执行，根据本轮循环内已经扫描并保存在输入映像寄存器中的按钮 SB_1，SB_2，SB_3 的状态，以及输出映像寄存器中 Q0.0，Q0.1 的状态进行运算。由于 PLC 扫描周期非常短，远小于操作按钮的动作时间，因此 PLC 可以监测到输入信号的快速变化，实际上在一个扫描周期内输入信号的状态不变。但如果在一个扫描周期内输入信号发生了变化，则 PLC 将仍然根据本周期内输入映像寄存器中保存的输入信号状态来进行运算，直到下一扫描周期再重新对输入信号状态进行采样。在一个扫描周期内，程序运算结果在执行程序阶段也并不立即通过输出端子输出，而是先存入寄存器中。等到输出刷新阶段，PLC 根据保存在输出寄存器中的输出状态，通过输出端子产生相应的输出信号，以控制接触器 KM_1 或 KM_2 的线圈得电或失电。

17.4.4　HMI 演示结果验证

观察按下按钮后对应输入端子的信号指示灯点亮情况。由于 PLC 的运行速度很高，因而程序的扫描周期很短，基本感知不到输入采样的时间延迟。

程序编制完成后，下载到 PLC，同时打开程序状态监视功能，如图 17-4 所示。梯形图用绿色实线代表状态满足（表示电路导通），用蓝色虚线表示状态不满足（表示电路未导通）。请认真观察操作正转启动按钮、反转启动按钮、停止按钮时，PLC 的输入/输出指示灯的亮灭情况及用户程序中各软元件的通断状态的对应关系，理解程序中编程软元件数据寻址和输入软元件逻辑运算的过程。由于扫描周期很短，因此基本不能明显感知程序执行阶段和输出刷新阶段。但是输入信号变化时都会在很短的时间内产生新的运算结果，这说明 CPU 的扫描过程确实存在且周而复始。

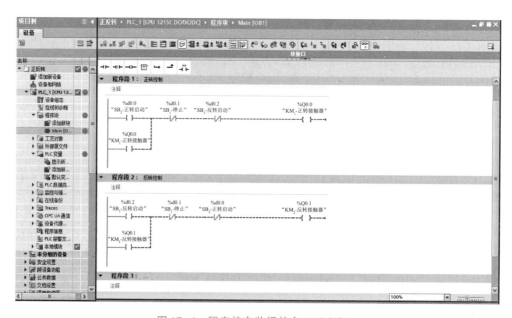

图 17-4　程序状态监视状态（附彩插）

打开 HMI 仿真界面，如图 17-5 所示。正转接触器 KM_1 和反转接触器 KM_2

的状态，这里用两个灯来代表，在不得电的情况下灯是熄灭的（白色），在得电后灯是点亮的（红色）。

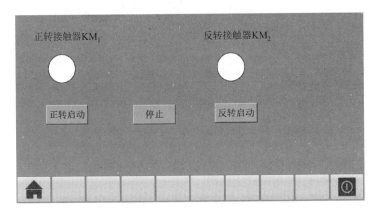

图 17-5　HMI 仿真界面

单击 HMI 界面的"正转启动"按钮，观察程序监控，"KM$_1$-正转接触器"线圈得电并自锁，正转控制回路变成实线显示。而"KM$_2$-反转接触器"线圈不得电，还是虚线显示，如图 17-6 所示。在 HMI 界面中"正转接触器 KM$_1$"指示灯点亮，而"反转接触器 KM$_2$"指示灯没有点亮，如图 17-7 所示。

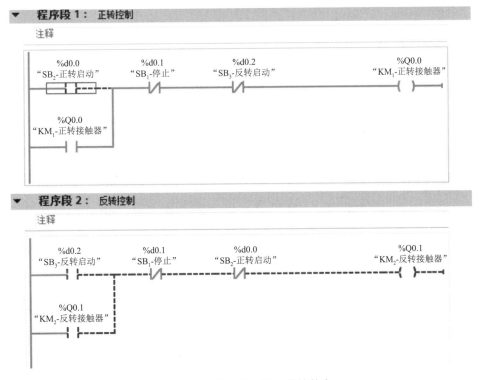

图 17-6　正转启动后程序监控状态

此时，如果单击 HMI 界面的"反转启动"按钮，由于程序中正转控制和反

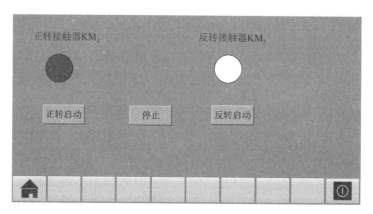

图 17-7 正转启动后 HMI 界面指示灯状态

转控制有互锁，因此，程序先断掉正转控制再导通反转控制，HMI 界面的指示灯也相应地变更过来，如图 17-8、图 17-9 所示。

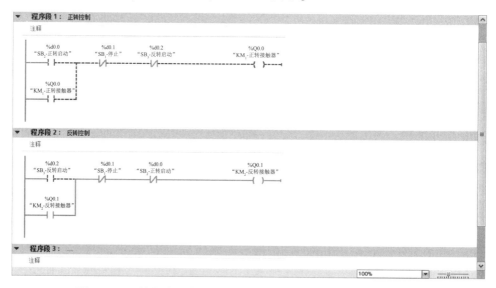

图 17-8 正转启动后单击"反转启动"按钮后程序监控状态的变化

图 17-9 正转启动后单击"反转启动"按钮后 HMI 界面指示灯的变化

最后，单击 HMI 界面的"停止"按钮，程序监控状态和 HMI 指示灯状态变化后如图 17-10、图 17-11 所示。

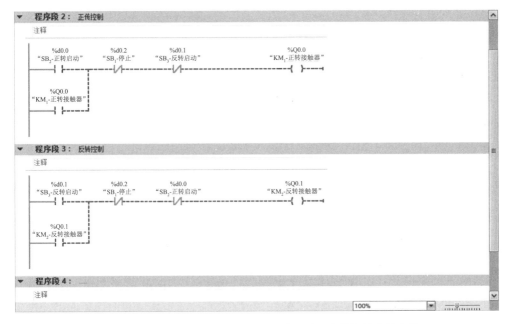

图 17-10　反转启动后单击"停止"按钮后程序监控状态的变化

图 17-11　反转启动后单击"停止"按钮后 HMI 界面指示灯的变化

 **17.5　项目评价**

项目考核评分表如表 17-2 所示。

表 17-2　评分表

序号	环节	明细	配分/分	评分/分
项目名称				
班级			姓名	
1	项目引入 （20 分）	能够理解项目要求	5	
		可以积极自主查阅资料	5	
		能够回答引导问题	10	
2	TIA 博途 V16 软件 开发平台操作 （40 分）	独立完成用 TIA 博途 V16 软件创建新项目的操作，并根据项目要求添加设备到项目中	10	
		能够完成项目中的设备组态	5	
		正确分配变量至变量表中	5	
		正确设定各通信设备的 IP 地址	5	
		编写梯形图程序，编辑 HMI，能够编译、下载、上传、监控程序	10	
		可以根据监控状态分析程序逻辑是否正确	5	
3	案例仿真 （30 分）	正确启动仿真器	10	
		能够使用强制表和监视表	15	
		能够独立测试梯形图程序的逻辑	5	
4	职业素养 （10 分）	软件操作流畅	5	
		做事有计划、有安排	5	
总分/分			100	

思考与练习

1. PLC 在循环扫描过程中为什么要执行 CPU 自诊断？哪些因素决定扫描周期的长短？

2. 输出刷新阶段为什么要把程序最终执行结果通过输出寄存器输出以驱动外部设备？

项目 18 电动机变频器调速控制

 项目目标

素质目标

❖ 在硬件接线部分，强调操作步骤和安全注意事项，培养学生安全规范意识。

❖ 软件部分，培养学生对控制回路的逻辑分析意识。

❖ 通过实例练习，培养学生查阅说明书等资料解决问题的意识。

知识目标

❖ 了解泽夷 ZY100-2S0004G 变频器的基础知识。

❖ 了解泽夷 ZY100-2S0004G 变频器的工作原理。

技能目标

❖ 掌握泽夷 ZY100-2S0004G 变频器的参数设置。

❖ 能够使用 TIA 博途 V16 软件编程实现模拟量输出。

❖ 掌握泽夷 ZY100-2S0004G 变频器与三相异步电动机的连接。

❖ 掌握 TIA 博途 V16 软件进行监控控制电动机的操作。

18.1 项目引入

电动机调速控制是电子与电气工程中的一个重要领域，它涉及电动机的运行速度调节和控制。在工业生产和日常生活中，电动机在各种机械设备中广泛应用，如风机、泵、压缩机等。通过对电动机的调速控制，可以实现机械设备运行稳定性和效率的提高，从而提高生产效率和降低能源消耗。

本项目介绍电动机调速控制的基础知识，并以变频器对三相异步电动机调速控制为例来进行详细讲解。

18.2 项目分析

本项目重点学习泽夷 ZY100-2S0004G 变频器调速控制三相异步电动机。变

频器调速控制三相异步电动机有几种常见的控制方式，如变频器面板调速、变频器多段速运动控制、变频器模拟量端子控制、变频器 Modbus 通信控制等。

不同的控制方式下需要的硬件、变频器参数设定等各不相同，下面就以泽夷 ZY100 - 2S0004G 变频器、西门子 S7 - 1200 PLC（1215C DC/DC/DC）、YS-7112 型三相异步电动机及部分低压电器为参考，分别介绍变频器调速控制三相异步电动机的过程。

18.3 相关知识

（1）电动机调速控制的原理

电动机调速控制是基于电动机的转速和负载之间的关系的。电动机的转速与输入电压、电流以及负载有关。一般来说，当负载增加时，电动机的转速会下降；而当负载减少时，电动机的转速会增加。因此，通过调节电动机的输入电压和电流，可以实现对电动机转速的控制。

（2）电动机调速控制的方法

1）调压调速。

改变电动机定子电压来实现调速的方法称为调压调速。调压调速，对于单相电动机，可在 0~220 V 选择电压；对于三相电动机，可在 0~380 V 选择电压。调压用变压器，如果变压器的调压是有级的，那么电动机的调速也是有级的；如果变压器的调压是无级的，那么电动机调速也是无级的。

优点：可以将调速过程中产生的转差能量加以回馈利用，效率高；装置容量与调速范围成正比，适用于 70%~95% 的调速。

缺点：功率因素较低，有谐波干扰，正常运行时无制动转矩，适用于单象限运行的负载。

2）变极调速。

通过改变电动机定子绕组的接线方式来改变电动机的磁极对数，从而可以有级地改变同步转速，实现电动机转速的有级调速。这种调速电动机目前有定型系列产品可供选用，如单绕组多速电动机。

优点：无附加差基损耗，效率高；控制电路简单，易维修，价格低；与定子调压或电磁转差离合器配合可得到效率较高的平滑调速。

缺点：有级调速，不能实现无级平滑的调速。且由于受到电动机结构和制造工艺的限制，通常只能实现 2~3 种极对数的有级调速，调速范围相当有限。

3）变频调速。

通过改变异步电动机定子端输入电源的频率，且使之连续可调来改变它的同步转速，以实现电动机调速的方法称为变频调速。最节能高效的就是变频电动机，只是需要在电源部分安装变频器，成本太高。

优点：无附加转差损耗，效率高，调速范围宽；对于低负载运行时间较多或启停运行较频繁的场合，可以达到节电和保护电动机的目的。

缺点：技术较复杂，价格较高。

4）电磁调速。

通过电磁转差离合器来实现调速的方法称为电磁调速。电磁调速异步电动机（又称滑差电动机）是一种简单可靠的交流无级调速设备。电动机采用组合式结构，由拖动电动机、电磁转差离合器和测速发电机等组成，测速发电机是作为转速反馈信号源供控制用的。这类电动机的无级调速是通过电磁转差离合器来实现的。

优点：结构简单，控制装置容量小，价格便宜，运行可靠，维修容易，无谐波干扰。

缺点：速度损失大，因为电磁转差离合器本身转差较大，所以输出轴的最高转速仅为电动机同步转运的 80%~90%；调速过程中转差功率全部转化成热能形式的损耗，效率低。

（3）变频器定义

变频器（Frequency Converter）是利用电力半导体器件的通断作用，把电压、频率固定不变的交流电转换成电压、频率都可调的交流电，通过改变电动机工作电源频率的方式来控制交流电动机的电力控制设备。变频器主要由整流（交流变直流）、滤波、逆变（直流变交流）、控制单元、驱动单元、检测单元、微处理单元等组成。现在使用的变频器主要采用交—直—交的工作方式，先把工频交流电整流成直流电，再把直流电逆变成频率、电压可控制的交流电。

交流异步电动机的转速表达式为

$$n = 60f(1-s)/p$$

式中，n 为异步电动机转速，r/min；f 为异步电动机工作频率，Hz；s 为电动机转差率；p 为电动机极对数。

由上式可知，电动机转速 n 与频率 f 成正比，只要改变频率 f 就可改变电动机转速。我国交流电工频为 50 Hz，当频率 f 在 0~50 Hz 变化时，电动机转速调节范围非常宽，变频器就是通过改变电动机工作电源频率来实现速度调节的。

变频器调速有多种方法，包括选用固定频率的多段速调速、通过模拟量信号控制变频器实现无级调速、通过变频器通信方式进行调速等。

（4）变频器控制方式

低压通用变频输出电压为 380~650 V，输出功率为 0.75~400 kW，工作频率为 0~400 Hz，它的主电路都采用交—直—交电路。其控制方式经历了以下 4 代。

1）正弦脉宽调制控制方式。

正弦脉宽调制（Sinusoidal Pulse Width Modulation，SPWM）的特点是控制电路结构简单，成本较低，机械特性硬度也较好，能够满足一般传动的平滑调速要求，已在产业的各个领域得到广泛应用。但是，这种控制方式在低频时，由于输出电压较低，转矩受定子电阻压降的影响比较显著，使输出最大转矩减小。另外，其机械特性终究没有直流电动机硬度高，动态转矩能力和静态调速性能都还不尽如人意，且系统性能不高、控制曲线会随负载的变化而变化，转矩响应慢、电动机转矩利用率不高，低速时因定子电阻和逆变器死区效应的存在而导致性能下降，稳定性变差等。因此人们又研究出矢量控制变频调速。

2）电压空间矢量控制方式。

空间矢量脉宽调制（Space Vector Pulse Width Modulation，SVPWM）是以三相波形整体生成效果为前提，以逼近电动机气隙的理想圆形旋转磁场轨迹为目的，一次生成三相调制波形，以内切多边形逼近圆的方式进行控制的。经实践使用后又有所改进，即引入频率补偿，能消除速度控制的误差；通过反馈估算磁链幅值，消除低速时定子电阻的影响；将输出电压、电流闭环，以提高动态的精度和稳定度。但控制电路环节较多，且没有引入转矩的调节，所以系统性能没有得到根本改善。

3）矢量控制方式。

矢量控制（Vector Control，VC）变频调速的做法是将异步电动机在三相坐标系下的定子电流 I_a，I_b，I_c 通过三相—二相变换，等效成两相静止坐标系下的交流电流 I_{a_1}，I_{b_1}，再通过按转子磁场定向旋转变换，等效成同步旋转坐标系下的直流电流 I_{m_1}，I_{t_1}（I_{m_1} 相当于直流电动机的励磁电流；I_{t_1} 相当于与转矩成正比的电枢电流），然后模仿直流电动机的控制方法，求得直流电动机的控制量，经过相应的坐标反变换，实现对异步电动机的控制。其实质是将交流电动机等效为直流电动机，分别对速度、磁场两个分量进行独立控制。通过控制转子磁链，然后分解定子电流来获得转矩和磁场两个分量，经坐标变换，实现正交或解耦控制。矢量控制方法的提出具有划时代的意义。然而在实际应用中，由于转子磁链难以准确观测，系统特性受电动机参数的影响较大，且在等效直流电动机控制过程中所用矢量旋转变换较复杂，使实际的控制效果难以达到理想分析的结果。

4）直接转矩控制方式。

1985 年，德国鲁尔大学的德彭布罗克（Depenbrock）教授首次提出了直接转矩控制（Direct Torque Control，DTC）变频技术。该技术在很大程度上解决了上述矢量控制的不足，并以新颖的控制思想、简洁明了的系统结构、优良的动静态性能得到了迅速发展。该技术已成功地应用在电力机车牵引的大功率交流传动上。直接转矩控制直接在定子坐标系下分析交流电动机的数学模型，控制电动机的磁链和转矩。它不需要将交流电动机等效为直流电动机，因而省去了矢量旋转变换中的许多复杂计算；它不需要模仿直流电动机的控制，也不需要为解耦而简化交流电动机的数学模型。

5）矩阵式交—交控制方式。

VVVF 变频、矢量控制变频、直接转矩控制变频都是交—直—交变频中的一种。其共同缺点是输入功率因数低、谐波电流大、直流电路需要大的储能电容、再生能量又不能反馈电网，即不能进行四象限运行。为此，矩阵式交—交变频应运而生。矩阵式交—交变频省去了中间直流环节，从而省去了体积大、价格贵的电解电容。它能实现功率因数为 1，输入电流为正弦且能四象限运行，系统的功率密度大。该技术虽尚未成熟，但仍吸引着众多的学者。其实质不是间接地控制电流、磁链等量，而是把转矩直接作为被控制量来实现。具体方法如下。

①控制定子磁链。引入定子磁链观测器，实现无速度传感器方式。

②自动识别（ID）。依靠精确的电动机数学模型，对电动机参数自动识别。

③算出实际值对应的定子阻抗、互感、磁饱和因素、惯量等。算出实际的转矩、定子磁链、转子速度进行实时控制。

④实现 Band-Band 控制。按磁链和转矩的 Band-Band 控制产生 PWM 信号，对逆变器开关状态进行控制。

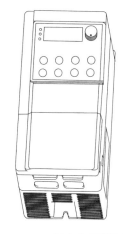

图 18-1　泽夷变频器外观

矩阵式交—交变频具有快速的转矩响应（<2 ms）、很高的速度精度（±2%，无 PG 反馈）、高转矩精度（<+3%），同时还具有较高的启动转矩及高转矩精度，尤其在低速时（包括 0）可输出 150%~200% 的转矩。

（5）泽夷 ZY100-2S0004G 变频器

1）泽夷变频器外观及型号说明。

泽夷变频器外观如图 18-1 所示，其型号说明如图 18-2 所示，泽夷 ZY100-4T0022G 变频器的 ZY100 代表型号为 ZY100，4 代表电压等级为 380 V，T 代表三相，0022 代表功率等级为 2.2 kW。

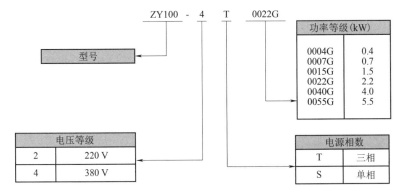

图 18-2　变频器型号说明

泽夷变频器系列型号如表 18-1 所示，变频器选型可参考此表。

表 18-1　泽夷变频器系列型号

变频器型号	通用负载			风机水泵类负载		
	额定容量/ （kV·A）	额定输出 电流/A	适配电动机 功率/kW	额定容量/ （kV·A）	额定输出 电流/A	适配电动机 功率/kW
ZY100-2S0004G	1.1	3	0.4	—	—	—
ZY100-2S0007G	1.9	5	0.75	—	—	—
ZY100-2S0015G	2.9	7	1.5	—	—	—
ZY100-2S0022G	3.8	10	2.2	—	—	—
ZY100-4T0007G	1.6	2.5	0.75	—	—	—
ZY100-4T0015G	2.4	4.5	1.5	—	—	—
ZY100-4T0022G	3.6	5.5	2.2	—	—	—
ZY100-4T0040G	6.3	9	4.0			
ZY100-4T0055G	8.6	12	5.5			

2）产品技术指标及规格。

泽夷变频器的技术指标及规格如表 18-2 所示。

表 18-2　泽夷变频器的技术指标及规格

输入	电压频率	三相 380 V 50/60 Hz	单相 220 V 50/60 Hz
	电压波动	三相 300~460 V	单相 170~270 V
输出	电压范围	4T#系列：0~380 V	2S#系列：0~220 V
	频率范围	0~800 Hz	
	过载能力	110%，长期；150%，1 min；180% 2 s	
控制 特性	控制方式	V/F	
	启动力矩	0 速　180%	
	调速范围	1∶100	
	稳速精度	±0.5%	
	响应时间	≤20 ms	
	V/F 曲线	多段 V/F 曲线任意设定　恒转矩、平方降转矩 1 两种固定曲线	
	转矩提升	手动设定：额定输出的 0.0%~30.0%	
	电流抑制	电流闭环控制，使电流精度限制在合理范围，从而避免了电流冲击以及故障跳闸	
	频率 分辨率	模拟量	最大输出频率的 0.1%
		数字量	0.01 Hz
	频率 精度	模拟量	最大输出频率的 0.1%
		数字量	设定输出频率的 0.01%

典型功能	多段速运行	8 段可编程多段速控制、6 种模式运行可选
	摆频运行	摆频运行：预置频率、中心频率可调，停机、断电后的装调记忆和恢复
	PID 控制	内置 PID 控制器（可预置频率）
	RS485 通信	标准配置 RS485 通信功能，支持 Modbus 通信协议
	自动调节	根据输出电流实时调整输出电压及转差补偿，使电动机一直在最高效率下工作
	自动稳压	根据需要可选择自动稳压，以获得最稳定的运行效果
	检速再启动	电动机的平滑再启动及瞬停再启动
	计数器	内部计数器一个，方便系统集成
	载波频率	三相矢量合成：0.8~15.0 kHz
	频率设定 模拟量输入	电压输入 0~10 V（输入阻抗 10 kΩ）（上下限可设）
	频率设定 数字量输入	操作面板设定，RS485 接口设定，UP/DW 端子控制，也可以与模拟量输入进行多种组合设定
	输出信号 模拟量输出	1 路 0~10 V 电压
	输出信号 数字量输出	1 路 DO 输出，1 路 故障继电器输出（TA，TB，TC）
	制动 再生制动	75% 以上
	制动 直流制动	启动、停止时分别可选，动作频率 0~50.00 Hz，动作时间 0~20.0 s 或持续动作
保护功能	电源保护	欠压保护、三相电源不平衡保护
	运行保护	过电流保护、过电压保护、变频器过热保护、变频器过载保护、电动机过载保护、输出缺相保护、模块驱动保护、输入缺相保护、开关电源过载保护
	设备异常	电流检测异常，EEPROM 存储器异常、控制单元异常、电动机过热、MC 吸合故障、温度故障
	电动机连接	电动机未接入、电动机三相参数不平衡、参数辨别错误
环境	周围温度	−10~50 ℃（不冻结）
	周围湿度	90% 以下（不结霜）
	周围环境	室内（无阳光直射、无腐蚀、易燃气体，无油雾、尘埃等）
	海拔	低于 1 000 m
	防护等级	IP20
	冷却方式	强制风冷
	振动等级	<20 m/s²

3）变频器的安装

泽夷系列变频器安装尺寸如表18-3所示，安装尺寸示意如图18-3所示，适用机型ZY100-2S0004G～2S0022G、ZY100-4T0007G～4T0055G。

表18-3 泽夷系列变频器安装尺寸

变频器型号	W_1/mm	W/mm	H_1/mm	H/mm	H_2/mm	D/mm	螺钉规格
ZY100-2S0004G	65	83	172	181	—	110	M4
ZY100-2S0007G							
ZY100-2S0015G							
ZY100-4T0007G							
ZY100-4T0015G							
ZY100-4T0022G							
ZY100-2S0022G	65	93	183	193	—	131	M4
ZY100-4T0040G							
ZY100-4T0055G							

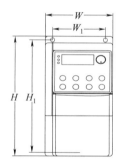

图18-3 泽夷变频器安装尺寸示意

4）变频器的配线。

①主回路端子符号说明如表18-4所示，主回路端子示意如图18-4所示。

表18-4 泽夷变频器主回路端子符号说明

端子符号	功能说明
R，S，T	接电网三相交流电源
R，S	接电网单相交流电源（不区分零火线）
U，V，W	接三相交流电动机
E	接地端子

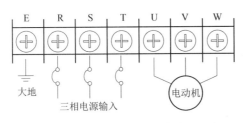

图 18-4　泽夷变频器主回路端子示意

②控制回路端子。

控制回路端子示意如图 18-5 所示，注意与靠下针脚（字母 V 边上的针）对应的是 0~10 V 电压输入；如需要输入 0~20 mA 的电流信号，需要将跳帽重插，使其短接中间针与靠上针脚（字母 A 边上的针）。

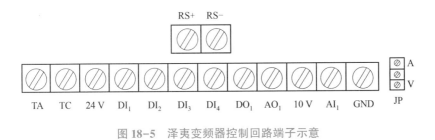

图 18-5　泽夷变频器控制回路端子示意

控制回路端子包括模拟端口、数字端口、电源和通信端子，端子符号对应功能及指标如表 18-5 所示。

表 18-5　泽夷变频器控制回路端子符号说明

类型	端子符号	端子功能	指标
模拟端口	AI_1–GND	模拟信号输入端 1	0~10 V 或者 4~20 mA 输入（AI 挑帽选择）
	AO_1–GND	模拟信号输出端 1	0~10 V 输出（默认）（部分机型可选 4~20 mA）
数字端口	DI_1–GND	多功能输入端子 1	无源触点输入 注：DI_4 可接收脉冲信号输入
	DI_2–GND	多功能输入端子 2	
	DI_3–GND	多功能输入端子 3	
	DI_4–GND	多功能输入端子 4	
数字端口	24 V–DO_1	多功能输出端子 1	OC 输出
	TA–TC	TA：公共触点 TC：常开触点	继电器输出 触点容量：AC 250 V/1 A
电源	10 V	提供+10 V	最大输出电流：10 mA
	24 V	提供+24 V	最大输出电流：100 mA
	GND	信号公共端	

类型	端子符号	端子功能	指标
通信端子	RS+	RS485 通信接口	支持 Modbus 通信协议
	RS-		

③变频器的基本配线。

变频器的 DO_1 可承受的最大电流为 50 mA，"24 V" 最大输出电流为 50 mA，"10 V" 最大输出电流为 10 mA，"TATC" 端子容量最大为 250 V，AC 1A，变频器基本配线如图 18-6 所示。

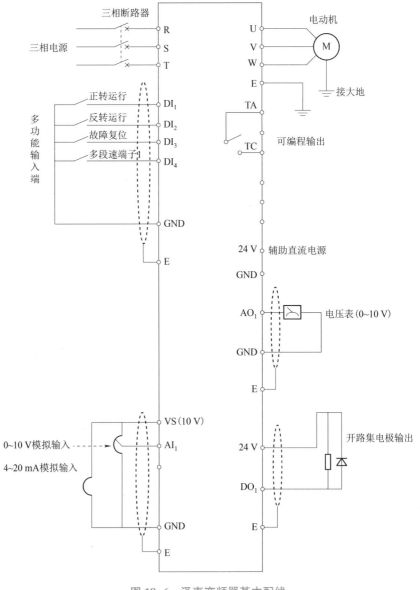

图 18-6　泽夷变频器基本配线

5）变频器的操作。

①泽夷变频器操作面板。

泽夷变频器操作面板具有提高调试测试变频器的作用，变频器操作面板布局如图 18-7 所示。

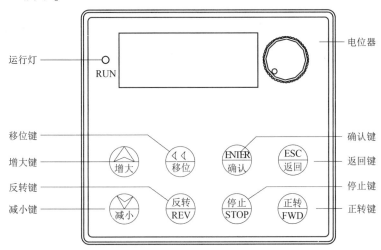

图 18-7　泽夷变频器操作面板布局

泽夷变频器操作面板按键功能说明如表 18-6 所示。

表 18-6　泽夷变频器操作面板按键功能说明

项目		功能说明
显示灯	运行灯	灯亮：变频器处于运行状态，输出端子有输出电压； 灯灭：变频器处于停止状态，输出端子无输出电压
键盘功能	正转 FWD	当变频器的运行指令通道设置为面板时，按下该键，发出正转运行指令
	反转 REV	当变频器的运行指令通道设置为面板时，按下该键，发出反转运行指令
	停止 STOP	停机/故障复位键
	返回 ESC	返回键。在常态监控模式时，按下该键，进入非常态监控模式/监控参数的查询模式，在其他任何操作状态，单独按该键将返回上一级状态
	ENTER 确认	确认键。确认当前的状态或参数（将参数存储到内部存储器中），并进入下一级功能菜单
	增大　减小	数据修改键。用于修改功能代码或参数。 在状态监控模式下，如果频率指令通道为操作面板数字设置方式，按此键可以直接修改频率指令值
	移位	移位键。常态监控页面下按该键可轮流切换显示输出频率、输出电流、母线电压、内部温度等数据

②泽夷变频器状态监控。

泽夷变频器状态监控实时监控变频器工作状态，显示当前的频率电压，配合操作面板设定频率等参数，其参数说明如表18-7所示。

表18-7　状态监控参数说明

监控代码	内容	单位	地址
d0. 00	变频器当前的输出频率	Hz	D000
d0. 01	变频器当前的输出电流	A	D001
d0. 02	变频器内部的直流电压	V	D002
d0. 03	内部温度	℃	D003
d0. 04	变频器当前的输出电压	V	D004
d0. 05	电动机转速	r/min	D005
d0. 06	变频器当前的输入电压	V	D006
d0. 07	设定频率	Hz	D007
d0. 08	端子计数值		D008
d0. 09	PID 设定值		D009
d0. 10	PID 反馈值		D00A
d0. 11	保留		D00B
d0. 12	保留		D00C
d0. 13	模拟输入 AI_1 （电压）	V	D00D
d0. 14	模拟输入 AI_2 （电压）	V	D00E
d0. 15	保留	mA	D00F
d0. 16	脉冲频率接收值	kHz	D010
d0. 17	输入端子状态		D011
d0. 18	模拟输出 AO_1		D012
d0. 19	模拟输出 AO_2		D013
d0. 20	保留	A	D014
d0. 21	输出端子状态	A	D015
d0. 22	输入端子十进制	A	D016
d0. 23	输出端子十进制	A	D017
d0. 24	作用频率	Hz	D018
d0. 25	保留		D019
d0. 26	最近 1 次故障记录		D01A
d0. 27	最近 2 次故障记录		D01B
d0. 28	最近 3 次故障记录		D01C
d0. 29	最近 4 次故障记录		D01D
d0. 30	最近 5 次故障记录		D01E
d0. 31	最近 6 次故障记录		D01F

监控代码	内容	单位	地址
d0.32	最近 1 次故障时的输出频率	Hz	D020
d0.33	最近 1 次故障时的设定频率	Hz	D021
d0.34	最近 1 次故障时的输出电流	A	D022
d0.35	最近 1 次故障时的输出电压	V	D023
d0.36	最近 1 次故障时的直流电压	V	D024
d0.37	最近 1 次故障时的模块温度	℃	D025

③泽夷变频器功能参数。

泽夷变频器功能参数较为复杂，对频率、速度给定，PID 控制等功能参数进行设定，具体见附录。

6）变频器诊断与对策。

变频器保护功能及对策为及时发现和排查变频器故障提供方便，具体如表 18-8 所示。

表 18-8　故障代码及解决方案参考

故障代码	故障说明	可能原因	解决方案
EC.01	加速过流	1. 可能输出端短路； 2. 可能突然投入电动机； 3. 可能输出端有容性设备； 4. 可能输出端接触不良； 5. 可能加速时间过短； 6. 可能负载太大； 7. 可能参数问题； 8. 可能变频器选型偏小	1. 排查输出短路问题； 2. 变频器要直连电动机； 3. 拆除容性设备； 4. 检查输出端螺钉是否拧紧； 5. 延长加速时间； 6. 减小负载； 7. 初始化后重设参数； 8. 选购更大功率的变频器
EC.02	减速过流	1. 可能突然投入电动机； 2. 可能减速时间过短	1. 变频器要直连电动机； 2. 延长减速时间
EC.03	运行过流	1. 可能输出端短路； 2. 可能突然投入电动机； 3. 可能输出端有容性设备； 4. 可能输出端接触不良； 5. 可能负载太大； 6. 可能参数问题； 7. 可能变频器选型偏小	1. 排查输出短路问题； 2. 变频器要直连电动机； 3. 拆除容性设备； 4. 检查输出端螺钉是否拧紧； 5. 减小负载； 6. 初始化后重设参数； 7. 选购更大功率的变频器
EC.04	加速过压	1. 可能负载对地短路； 2. 可能负载对地绝缘低	1. 检查负载电动机短路情况； 2. 检查负载电动机绝缘问题
EC.05	减速过压	1. 可能减速时间太短； 2. 可能回馈能量过大； 3. 可能变频器选型偏小	1. 延长减速时间； 2. 加装制动电阻或制动单元； 3. 选购更大功率的变频器

故障代码	故障说明	可能原因	解决方案
EC.06	运行过压	1. 可能电源电压异常； 2. 可能负载突变过大； 3. 可能变频器选型偏小	1. 检查电源电压； 2. 降低负载突变； 3. 选购更大功率的变频器
EC.07	停机过压	1. 可能电源电压异常； 2. 可能控制板串联接入强电	1. 检查电源电压； 2. 检查控制板接线排除强电
EC.08	运行欠压	1. 可能电源电压异常； 2. 可能操作不当（未停机断电）	1. 检查电源电压； 2. 正确操作变频器
EC.13	电动机过载	1. 可能负载过大； 2. 可能电动机问题（卡死或烧了）； 3. 可能参数问题； 4. 可能加速时间过短； 5. 可能电动机保护系数过小	1. 减小负载； 2. 检查电动机； 3. 初始化后重设参数； 4. 延长加速时间； 5. 调大电动机过载保护系数
EC.14	变频器过热	1. 可能风道阻塞； 2. 可能环境温度过高； 3. 可能风扇损坏； 4. 可能载波过高	1. 清理变频器风道； 2. 改善通风条件； 3. 更换风扇； 4. 降低载波
EC.16	外部设备故障	变频器的外部设备故障，输入端子有信号输入	检查信号源及相关设备
EC.26	LOCKIN持续封锁	可能参数设置问题	寻求厂家服务
EC.29	通信超时	通信不良	检查通信程序或者接线
EC.31	过流次数超限	1. 输出短路； 2. 现场干扰过强	1. 检查输出端； 2. 排查现场干扰情况
EC.39	自动复位次数超限		寻求厂家支持
EC.40	内部存储器错误	控制参数读写错误	寻求厂家支持
EC.44	限流次数超限	1. 可能输出端短路； 2. 可能突然投入电动机； 3. 可能输出端有容性设备； 4. 可能输出端接触不良； 5. 可能加速时间过短； 6. 可能负载太大； 7. 可能参数问题； 8. 可能变频器选型偏小	1. 排查输出短路问题； 2. 拆除输出接触器； 3. 拆除容性设备； 4. 检查输出端螺钉是否拧紧； 5. 延长加速时间； 6. 减小负载； 7. 初始化后重设参数； 8. 选购更大功率的变频器
P.on	输入欠压	1. 可能电源电压不足； 2. 可能变频器欠压保护值过高	1. 检查输入电压水平； 2. 略微降低欠压保护值 PA.00

7）Modbus 协议说明。

泽夷变频器采用的通信协议是 Modbus RTU 格式的通信协议，其通信参数的地址定义及分布如表 18-9 所示。操作命令代码对应的操作指令如表 18-10 所示。变频器状态代码对应的指示意义如表 18-11 所示。

表 18-9　变频器通信参数地址定义及分布

寄存器含义	寄存器地址空间
功能参数	高位为功能码组号，低位为功能码标号，如 P1.11，其寄存器地址为 F10B。 注意：P 在 16 进制中无法表示，因此地址用 F 代替 P
监控参数	高位为 0xD0，低位为监控标号，如 d.12，其寄存器地址为 D00C
PID 给定	0x1000
操作命令	0x1001
频率设定	0x1002
变频器状态	0x2000
故障信息	0x2001

表 18-10　变频器操作命令代码对应的操作指令

操作命令代码	操作指令	操作命令代码	操作指令
0x0000	无效命令	0x0004	从机正转点动
0x0001	正转运行开机	0x0005	从机反转点动
0x0002	反转运行开机	0x0006	点动运行停止
0x0003	停机	0x0020	从机故障复位

表 18-11　变频器状态代码对应的指示意义

状态代码	指示意义	状态代码	指示意义
0x0000	从机直流电压未准备好	0x0012	反转加速中
0x0001	从机正转运行中	0x0013	瞬时停机再启动
0x0002	从机反转运行中	0x0014	正转减速
0x0003	从机停机	0x0015	反转减速
0x0004	从机正转点动运行中	0x0016	从机为直流制动状态
0x0005	从机反转点动运行中	0x0020	从机为故障状态
0x0011	正转加速中		

18.4 项目实施

18.4.1 面板电位器控制三相异步电动机

(1) 硬件接线

完成泽夷 ZY100-2S0004G 变频器与单相动力电源、三相异步电动机的连接，连接线路如图 18-8 所示。

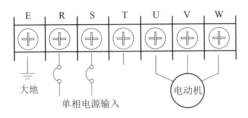

面板电位器控制
三相异步电动机

图 18-8 变频器主回路连接线路

(2) 变频器参数设定

为保险起见，先将变频器参数初始化，根据图 18-7 所示的变频器操作面板按键及表 18-6 所示的变频器操作面板按键功能说明，找到参数 P0.03 并设置为 1，变频器自动初始化后，再次进入参数 P0.03 并将其恢复为 0，如图 18-9 所示。

图 18-9 变频器参数设定操作步骤 1

再次找到参数 P1.00（主频率通道 A 选择）并设定为 3（面板电位器控制方式），如图 18-10 所示。然后按操作面板上的"确认"键，再按"正转"键，并旋转电位器，观察变频器显示频率和电动机转动速度的变化。

图 18-10 变频器参数设定操作步骤 2

18.4.2 外置模拟电压发生器控制三相异步电动机

(1) 硬件接线

根据图 18-8 完成泽夷 ZY100-2S0004G 变频器与动力电源、三相异步电动机的连接。

控制回路接线，将外置模拟电压发生器的 GND 接入变频器的 GND，外置模拟电压发生器的 AVO 接入变频器的 AI_1。

（2）变频器参数设定

为保险起见，先将变频器参数初始化，根据图 18-7 所示的变频器操作面板按键及表 18-6 所示的变频器操作面板按键功能说明，找到参数 P0.03 并设置为 1，变频器自动初始化后，再次进入参数 P0.03 并将其恢复为 0。

再次找到参数 P1.00（主频率通道 A 选择）并设定为 4（外部信号 AI_1），然后按操作面板上"确认"键，再按"正转"键，并旋转外置模拟电压发生器旋钮，观察外置模拟电压发生器电压显示、变频器显示频率和电动机转动速度的变化。

外置模拟电压发生器
控制三相异步电动机

18.4.3 PLC 模拟量控制三相异步电动机

（1）硬件接线

根据图 18-8 完成泽夷 ZY100-2S0004G 变频器与动力电源、三相异步电动机的连接。

PLC 地址分配如表 18-12 所示，I0.0，I0.1 接按钮 SB_1，SB_2，I0.2 转换开关 SB_3，在 PLC 找到接线端子 L+，M 接+24 V 和 0 V 电源，接 PLC 模拟输出端子 AQ_1，2M 到变频器 AI_1，GND，PLC 数字量输出 Q0.0，4M 接中间继电器 KA_1 线圈正负极，中间继电器 KA_1 常开触点分别接变频器 DI_1，GND，PLC 数字量输出 Q0.1，4M 接中间继电器 KA_2 线圈正负极，中间继电器 KA_2 常开触点分别接变频器 DI_2，GND。

表 18-12　PLC 地址及功能

地址	功能说明
I0.0	启动
I0.1	停止
I0.2	电动机正反转（1：正转；0：反转）
M5.0	启动中转信号
QW66	PLC 模拟量输出

（2）PLC 程序编写

PLC 模拟量（4~20 mA）默认输出地址为 QW66，电动机最大转速为 1 400 r/min，模拟量寄存器为 MD_6，编写程序，中间需要进行数据转化，梯形图程序如图 18-11 所示。用网线连接 PLC，设置 IP 地址，并将程序下载。

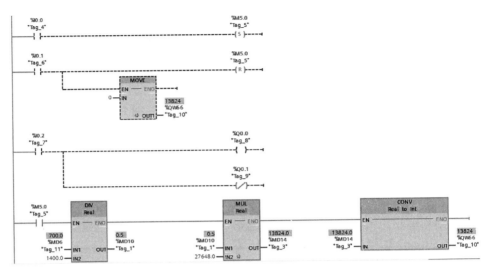

图 18-11　PLC 模拟量输出测试程序

（3）程序验证

将 PLC 程序转至在线，监控梯形图程序状态如图 18-12 所示，与电动机转速和变频器显示对应关系，通过 SB$_3$ 改变电动机转向，通过修改 MD$_4$ 寄存器中的数据（电动机转速），验证程序的正确性。

PLC 模拟量控制
三相异步电机

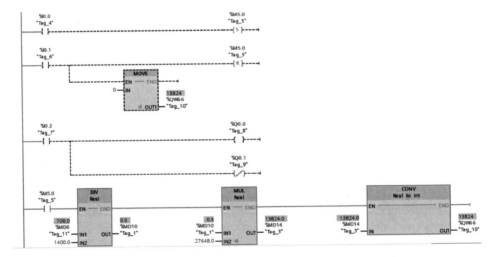

图 18-12　TIA 博途 V16 软件监控 PLC 模拟量输出测试程序

18.5　项目评价

请参照表 18-13，回顾本次项目实施过程，完成相应环节评分。

表 18-13　评分表

项目名称				
班级			姓名	
序号	环节	明细	配分/分	评分/分
1	项目引入（20 分）	能够理解项目要求	5	
		自主查阅资料（变频器说明书）	5	
		能够回答引导问题	10	
2	硬件接线（30 分）	正确选用元器件	10	
		独立完成接线	15	
		根据说明书等资料，独立解决接线过程中遇到的各种问题	5	
3	软件部分（20）	查阅说明书，通过操作面板按键正确设置变频器响应参数值	5	
		PLC 正确输出模拟量信号	5	
		PLC 正确输出正反转信号到变频器相应端子上	5	
		能够正确观察变频器显示参数含义	5	
4	小组展示（20 分）	根据 3 种不同的控制方式，正确演示电动机调速	10	
		能够清楚信号的输出和输入	5	
		可以根据 PLC 参数正确设置数据的输出方式	5	
5	职业素养（10 分）	能够规范用电	5	
		做事有计划、有安排	5	
总分/分			100	

思考与练习

1. 变频器控制方式有很多，控制接线也不尽相同，如何进行区分？
2. 变频器工作方式有几种？如何进行转换？

附录　变频器功能参数一览表

变频器功能参数见附录一。

附录一

功能代码	名称	设定范围与说明	出厂设定	更改限制	通信地址
P0.01	参数修改权限	0：允许修改所有参数。 1：仅本参数可修改	0		F000
P0.02	上限频率	［P0.07］~［P0.08］	50.00 Hz		F002
P0.03	参数格式化	0：不动作。 1：初始化动作。 2：清除故障记录	0	★	F003
P0.05	监控参数1	千位百位：停机显示，00~69对应d参数。	0700		F005
P0.06	监控参数2	十位个位：运行显示，00~69对应d参数	0101		F006
P0.07	下限频率	0.0 Hz~［P0.02］	0.0 Hz		F007
P0.08	最大频率	［P0.02］~999 Hz	50.00 Hz		F008
P0.09	电动机额定频率	5.00 Hz至最大频率	50.00 Hz		F009
P0.10	电动机额定电压	10~500 V	380/220 V		F00A
P0.11	载波频率	1.0~15.0 kHz（跟机型相关）	▲		F00B
P0.12	载波特性	0：频率关联载波调整关闭。 1：频率关联载波调整动作	0		F00C
P0.13	辅频率通道B选择	0：频率数字设定（断电记忆）。 1：频率数字设定（断电不记忆）。 2：RS485通信接口。 3：面板电位器。 4：外部信号AI_1。 5：保留。 6：简易PLC模式。 7：PID设定。 8：多段速设定（DI设为1~4）	4		F00D
P0.14	叠加时辅助源B基准	0：相对于最大频率。 1：相对于主频率源A	0		F00E

功能代码	名称	设定范围与说明	出厂设定	更改限制	通信地址
P0.15	叠加时辅助 B 范围	0% ~ 150%	100%		F00F
P1.00	主频率通道 A 选择	0：频率数字设定（断电记忆）。 1：频率数字设定（断电不记忆）。 2：RS485 通信接口。 3：面板电位器。 4：外部信号 AI₁。 5：保留。 6：简易 PLC 模式。 7：PID 设定。 8：多段速设定（DI 设为 1~4）	3		F100
P1.01	频率数字设定	0.00 至最大频率	50.00 Hz		F101
P1.02	UP/DW 停机频率清零选择	十位： 0：停机时 UP/DW 频率保持。 1：停机时 UP/DW 频率清零	10H		F102
P1.03	UP/DW 端子修改速率	0.01 ~ 50.00 Hz/s	3.00 Hz/s		F103
P1.04	频率源叠加选择	个位：频率源选择。 0：主频率源 A。 1：主辅运算结果（运算由十位确定）。 2：主辅助频率源切换（端子功能 10）。 3：主频率源 A 与主辅运算结果切换（端子功能 10）。 4：辅助频率源 B 与主辅运算结果切换（端子功能 10）。 十位：频率源主辅运算关系。 0：A+B，1：A-B，2：max（A，B），3：min（A，B）	0		F104
P1.05	运行命令通道	0：键盘控制启停。 1：端子控制启停。 2：通信控制启停	0		F105
P1.06	运行命令组合模式	0：两线式 A。 1：两线式 B （正转控制启停、反转选择方向）。 2：三线式 1 （正转端子脉冲正向启停，反转端子脉冲反向启停，三线式运行端子常闭）。 3：三线式 2 （正转端子脉冲启停，反转端子选择方向，三线式端子常闭）。 4：三线式 3 （正转端子脉冲启停，反转端子脉冲反向启停，三线式运行端子常开）	0	★	F106

学习笔记

功能代码	名称	设定范围与说明	出厂设定	更改限制	通信地址
P1.07	加速时间 1	0.1~999.9 s	▲		F007
P1.08	减速时间 1	0.1~999.9 s	▲		F108
P1.09	加速时间 2	0.1~999.9 s	▲		F109
P1.10	减速时间 2	0.1~999.9 s	▲		F10A
P1.11	加速时间 3	0.1~999.9 s	▲		F10B
P1.12	减速时间 3	0.1~999.9 s	▲		F10C
P1.13	加速时间 4/点动加速	0.1~999.9 s	▲		F10D
P1.14	减速时间 4/点动减速	0.1~999.9 s	▲		F10E
P1.15	点动频率	0.0 至最大频率	0.00 Hz		F10F
P1.16	加减速基准	0：最大频率。1：设定频率	0		F110
P1.19	启动方式	0：正常启动。1：保留	0	★	F113
P1.20	启动频率	0.0~10.00 Hz	2.00 Hz		F114
P1.21	启动频率持续时间	0.0~20.0 s	0.0 s	★	F115
P1.22	启动时的直流制动电压	0.0%~30.0%	5.0		F116
P1.23	启动时的直流制动时间	0.0~20.0 s	0.0 s	★	F117
P1.26	停机方式	个位：正常停机方式。 0：减速。1：自由停机。 百位：点动停机方式。 0：减速。1：自由停机	0		F11A
P1.27	停机直流制动起始频率	0.0~50.00 Hz	3.00 Hz		F11B
P1.28	停机直流制动等待时间	0.0~5.0 s	0.1 s		F11C
P1.29	停机直流制动动作时间	0.0~20.0 s	0.0 s	★	F11D
P1.30	停机直流制动电压比例	0.0%~30%	5.0%		F11E
P1.33	正反转死区时间	0.0~5.0 s	0.0 s	★	F121
P1.34	设定频率低于下限选择	0：以下限频率运行。 1：待机运行，无电压输出。 2：零速运行，有一定电压输出	0		F122

功能代码	名称	设定范围与说明	出厂设定	更改限制	通信地址
P1.35	键盘电位器输入上限	0.0~10.00 V	9.50 V		F123
P1.36	能耗制动起始电压	600~720 V（三相）/300~360 V（单相）	660/355 V		F124
P1.38	转矩提升	0.1%~30.0%	▲		F126
P1.41	自动稳压	0：无效。1：全程有效。2：仅减速有效	0		F129
P2.00	AI_1 输入下限电压	0.00~[P2.01]	0.20 V		F200
P2.01	AI_1 输入上限电压	[P2.00]~10.00 V	9.80 V		F201
P2.02	AI_1 下限对应百分数	0.0%~100.0%	0.0%		F202
P2.03	AI_1 上限对应百分数	0.0%~100.0%	100.0%		F203
P2.04	输入低于下限对应设定选择	0：对应 0.0。1：对应下限百分数 P2.02	0		F204
P2.05	模拟 AO_1 输出选择	0：跟随输出频率。1：跟随输出电流。2：跟随输出电压。3：跟随电动机转速。4：跟随 PID 设定。5：跟随 PID 反馈。6：跟随设定频率。7：跟随键盘电位器电压。8：跟随模拟 AI_1 电压。9：跟随指定输出值（P2.12）设定	0		F205
P2.06	AO_1 输出下限	0.00~[P2.07]	0.00 V		F206
P2.07	AO_1 输出上限	[P2.06]~10.00 V	10.00 V		F207
P2.08	AO_1 下限对应百分数	0.0~100.0%	0.0%		F208
P2.09	AO_1 上限对应百分数	0.0~100.0%	100.0%		F209
P2.10	模拟滤波系数	0~20	5		F20A
P2.11	AO_1 输入低于下限选择	0：输出 0。1：输出下限 P2.06	1		F20B

功能代码	名称	设定范围与说明	出厂设定	更改限制	通信地址
P2.12	模拟 AO_1 指定输出	0.00~10.00 V	0.00 V		F20C
P3.00	多功能输入端子 DI_1	0：闲置。 1：多段速控制 1。 2：多段速控制 2。 3：多段速控制 3。 5：摆频暂停。	27	★	F300
P3.01	多功能输入端子 DI_2	6：正转点动控制。 7：反转点动控制。 8：加减速时间选择 1。 9：加减速时间选择 2。 10：频率源组合切换。	28	★	F301
P3.02	多功能输入端子 DI_3	11：频率源 A 与 P1.01 切换。 12：频率源 B 与 P1.01 切换。 13：频率递增控制（UP）。 14：频率递减控制（DW）。 15：UP-DW 频率清零。 16：EMS 紧急停机（运行暂停）。	26	★	F302
P3.03	多功能输入端子 DI_4	17：外部设备故障信号输入。 18：三线式运转控制。 19：直流制动控制。 20：计数器复位。 21：计数器输入。 22：PLC 运行投入。	0	★	F303
P3.04	多功能输入端子（AVI）	23：PID 运行投入。 24：PID 运行暂停。 25：PLC 程序段复位。 26：故障复位输入（RESET）。 27：正转（FWD）运行指令。	0	★	F304
P3.05	保留	28：反转（REV）运行指令。 29：长度计数输入。 31：长度计数复位。 34：所有通道自由停机。 35：本次定时运行时间清零	0		F305
P3.06	输入端子特性	个位：DI_1 输入端子逻辑取反。 十位：DI_2 输入端子逻辑取反。 百位：DI_3 输入端子逻辑取反。 千位：DI_4 输入端子逻辑取反。 0：不取反。1：取反	0000		F306

功能代码	名称	设定范围与说明	出厂设定	更改限制	通信地址
P3.07	数字输出端子 DO_1	0：变频器运行中。 1：频率到达。 2：频率水平检测（FDT_1）。 3：预留。 4：外部故障停机。 5：频率到达上限。 6：频率到达下限。 7：零速运转中。 8：欠压停机。	0		F307
P3.08	保留	9：PLC 阶段运行完成。 10：PLC 周期完成。 11：准备就绪（停机无故障）。 12：设定计数值到达。 13：指定计数值到达。 14：频率水平 FDT_2 输出。 15：保留。 16：变频器故障。 18：正转运行中（不含点动）。	0		F308
P3.09	输出继电器（TA，TB，TC）	19：反转运行中（不含点动）。 20：数字指定输出（P3.10 设定）。 21：DI_1 输入端子状态。 22：DI_2 输入端子状态。 23：DI_3 输入端子状态。 24：DI_4 输入端子状态。 25：至少一个段速输入。 30：长度到达指示。 33：定时到达指示	16		F309
P3.10	数字指定输出	0：输出无效（断开）。 1：输出有效（闭合）	0		F30A
P3.12	输出端子特性	个位：DO_1 输出端子逻辑取反。 百位：继电器输出端子逻辑取反。 0：不取反。 1：取反	0000	★	F30C
P4.00	V/F 曲线类型选择	0：恒转矩曲线。 1：平方降转矩曲线。 2：保留。 3：自定义 V/F 曲线	0		F400
P4.01	V/F 频率 3	0.0 至最大频率	35.0 Hz	★	F401
P4.02	V/F 电压 3	0.0%～100.0%（电动机额定电压）	80.0%	★	F402

功能代码	名称	设定范围与说明	出厂设定	更改限制	通信地址
P4.03	V/F 频率 2	0.0 至最大频率	17.5 Hz	★	F403
P4.04	V/F 电压 2	0.0%~100.0%（电动机额定电压）	45.0%	★	F404
P4.05	V/F 频率 1	0.0 至最大频率	5.00 Hz	★	F405
P4.06	V/F 电压 1	0.0%~100.0%（电动机额定电压）	20.0%	★	F406
P5.02	电动机额定功率	0.4~7.5 kW	▲	★	F502
P5.03	电动机额定电流	0.01~50.00 A	▲	★	F503
P5.04	电动机额定转速	300~9 999 r/min	▲	★	F504
P6.00	多段速运行模式	个位：PLC 动作选择。 0：P1.00 设为 6 时有效。 1：动作（即刻生效）。 2：条件动作（DI 端子设为 22）。 十位：PLC 运行模式选择。 1：单循环后停机。 2：连续循环。 3：单循环后保持最终值。 百位：停机记忆选择。 千位：PLC 状态存储。 0：停机不记忆。1：停机记忆	0010H	★	F600
P6.01	多段速度 1	0.0 至最大频率	0.00 Hz		F601
P6.02	多段速度 2	0.0 至最大频率	0.00 Hz		F602
P6.03	多段速度 3	0.0 至最大频率	0.00 Hz		F603
P6.04	多段速度 4	0.0 至最大频率	0.00 Hz		F604
P6.05	多段速度 5	0.0 至最大频率	0.00 Hz		F605
P6.06	多段速度 6	0.0 至最大频率	0.00 Hz		F606
P6.07	多段速度 7	0.0 至最大频率	0.00 Hz		F607
P6.08	多段速度 8	0.0 至最大频率	0.00 Hz		F608
P6.09	多段速 1 时间	0.0~999.9 s/min	0.0 s/min		F609
P6.10	多段速 2 时间	0.0~999.9 s/min	0.0 s/min		F60A
P6.11	多段速 3 时间	0.0~999.9 s/min	0.0 s/min		F60B
P6.12	多段速 4 时间	0.0~999.9 s/min	0.0 s/min		F60C
P6.13	多段速 5 时间	0.0~999.9 s/min	0.0 s/min		F60D
P6.14	多段速 6 时间	0.0~999.9 s/min	0.0 s/min		F60E
P6.15	多段速 7 时间	0.0~999.9 s/min	0.0 s/min		F60F
P6.16	多段速 8 时间	0.0~999.9 s/min	0.0 s/min		F610

功能代码	名称	设定范围与说明	出厂设定	更改限制	通信地址
P6.17	PLC 多段速运行方向	个位（阶段 1 运转方向）。 0：正转。1：逆转。 十位（阶段 2 运转方向）。 0：正转。1：逆转。 百位（阶段 3 运转方向）。 0：正转。1：逆转。 千位（阶段 4 运转方向）。 0：正转。1：逆转	0000H		F611
P6.18	PLC 多段速运行方向	个位（阶段 5 运转方向）。 0：正转。1：逆转。 十位（阶段 6 运转方向）。 0：正转。1：逆转。 百位（阶段 7 运转方向）。 0：正转。1：逆转。 千位（阶段 8 运转方向）。 0：正转。1：逆转	0000H		F612
P6.20	PLC 运行时间单位	0：s。1：min	0		F614
P6.21	多段速 0 频率来源	0：P1.01（断电记忆）。 1：P1.01（断电不记忆）。 2：RS485 通信设定。 3：面板电位器。 4：外部电压信号 AI_1	0		F615
P7.00	运行方向设定	个位： 0：与设定方向一致。 1：与设定方向相反。 十位： 0：反转防止无效。 1：反转防止有效	00H		F700
P7.01	频率到达检出幅度	0.0~20.00 Hz	5.00 Hz		F701
P7.02	FDT 设定 1	0.0 至最大频率	10.00 Hz		F702
P7.03	FDT1 频率检测滞后值	0.0%~100.0%（FDT_1 频率）	5.0%		F703
P7.04	FDT 设定 2	0.0 至上限频率	10.00 Hz		F704
P7.05	FDT2 频率检测滞后值	0.0%~100.0%（FDT_1 频率）	5.0%		F705
P7.06	设定计数值	P7.07~9999	1000		F706
P7.07	指定计数值	1~P7.06	1		F707
P7.08	跳跃频率 1	0.0 至最大频率	0.0 Hz		F708

功能代码	名称	设定范围与说明	出厂设定	更改限制	通信地址
P7.09	跳跃频率 1 幅度	0.0~5.00 Hz	0.0 Hz		F709
P7.14	转速系数	0.01~90.00	1.00		F70E
P7.15	摆频设定方式	0：相对于中心频率。 1：相对于最大频率	0		F70F
P7.16	摆频幅度	0.0%~100.0%（相对设定频率）	0.0%		F710
P7.17	突跳频率幅度	0.0%~50.0%（相对摆频幅度）	0.0%		F711
P7.18	摆频周期	0.1~999.9 s	10.0 s		F712
P7.19	摆频三角波上升时间占比	0.1%~100.0%	50.0%		F713
P7.23	设定长度	0~9 999 m	1 000 m		F717
P7.24	实际长度	0~9 999 m	0 m		F718
P7.25	每米脉冲数	0.1~999.9	1000		F719
P7.26	定时停机功	0：无效。1：有效	0		F71A
P7.27	定时时间来源	0：数字设定 P7.28。 1：AI₁ 设定（相对于 P7.28）。 2：保留。 3：键盘电位器（相对于 P7.28)	0		F71B
P7.28	定时时间设置	0~999 9	0		F71C
P7.29	定时时间单位	0：s。1：min。	0		F71D
P8.00	内置 PID 控制	个位：PID 功能选择。 0：P1.00 设置为 7 时有效。 1：PID 控制有效（即刻生效）。 2：PID 控制条件有效。 百位：PID 调节特性。 0：正作用。 1：反作用	000H	★	F800
P8.01	内置 PID 设定/反馈通道选择	个位：PID 设定通道选择。 0：数字设定 P8.02。 1：RS485 通信设定。 2：面板电位器设定。 3：外部电压信号 AI₁（0~10 V）。 十位：保留。 百位：PID 反馈通道选择。 0：外部电压信号 AI₁（0~10 V)	00H	★	F801
P8.02	PID 数字设定	0.0~P8.16（改压力表量程时自动变为 0)	00		F802

功能代码	名称	设定范围与说明	出厂设定	更改限制	通信地址
P8.07	比例常数	0.0~9.000	1.000		F807
P8.08	积分常数	0.0~9.000	1.500		F808
P8.09	偏差允许限幅	0.0%~20.0%	0.0%		F809
P8.10	PID 预置输出	0.0%~100.0%（相对最大频率）	0.0%		F80A
P8.11	PID 预置频率保持时间	0.0~999.9 s	0.0 s		F80B
P8.12	睡眠频率	0.0 至最大频率	0.0 Hz		F80C
P8.13	唤醒压力偏差	0.0%~100.0% 相对压力设定值	80.0%		F80D
P8.14	睡眠延时	0.0~600.0 s	10.0 s		F80E
P8.15	唤醒延时	0.0~600.0 s	2.0 s		F80F
P8.16	压力表量程	0.00~50.00 kg	10.00 kg		F810
P8.18	反馈过大检测值	0.0%~100.0%（100% 对应压力表量程）	100.0%		F812
P8.19	PID 反馈超压检测时间	0.0~600.0 s（反馈压力超过 P8.18 且持续时间超过 P8.19 时，报反馈超压故障 EC.46）	1.0 s		F813
P8.20	反馈断线检测值	0.0%~100.0%（100.0% 对应压力表量程）	0.0%		F814
P8.21	反馈断线检测时间	0.0~600.0 s（反馈压力小于 P8.20 且持续超过 P8.21 时间时，报反馈断线故障 EC.45）	10.0 s		F815
P9.00	通信设置	个位：波特率选择。 2：2 400 bit/s；3：4 800 bit/s。 4：9 600 bit/s；5：19 200 bit/s。 6：38 400 bit/s。 十位：数据格式选择。 0：无校验 8N1。1：偶校验 8E1。 2：奇校验 8O1。3：无校验 8N2。 4：偶校验 8E2。5：奇校验 8O2。 百位：协议。 0：保留。 1：标准 Modbus	115H	★	F900
P9.01	本机地址	0~247	1		F901
P9.02	应答时间	0~1 000 ms	2 ms		F902

学习笔记

功能代码	名称	设定范围与说明	出厂设定	更改限制	通信地址
P9.03	通信辅助功能配置	十位：通信超时的动作选择。 0：按停机方式停机。 1：不报故障继续运行。 2：报故障并自由停车			F903
P9.04	通信超时故障检出时间	0（不检测）～100.0 s	0.0 s		F904
PA.00	欠压保护水平	320～480 V（三相）/ 160～240 V（单相）	350/ 195 V		FA00
PA.01	过压限制水平	660～760 V（三相）/ 330～380 V（单相）	690/ 350 V		FA01
PA.02	电流限幅水平	150%～210%	170%		FA02
PA.03	过压失速增益	0～100（数值越大，减速过程更长）	10		FA03
PA.04	过流失速增益	0～100（数值越大，加速过程更长）	10		FA04
PA.05	电动机过载保护系数	50%～120%	105%		FA05
PA.09	风扇功能动作选择	0：在变频器运行后运转。 1：在变频器上电后立即运转	0		FA09
PA.10	保护功能选择	百位：输入缺相保护。 0：关闭。1：打开	0		FA0A
PA.16	故障自恢复次数	0，1，2	0	★	FA10
PA.17	故障自恢复间隔时间	0.1～60 s	2.0 s	★	FA11
PA.19	程序版本	100～199	▲		FA13
PA.20	启动保护选择	个位：上电端子运行保护。 0：不保护（上电前端子闭合允许运行）。 1：保护（上电前端子闭合不允许运行）。 百位：常态端子运行保护。 0：不保护（常态无故障即可运行）。 1：保护（故障复位后端子需重新导通才可运行）			FA14

注：★ 表示该参数在运行过程中不能更改；▲ 表示该参数与变频器的型号有关。

参 考 文 献

[1] 殷佳琳. 电工技能与工艺项目教程（第 3 版）［M］. 北京：电子工业出版社，2020.

[2] 吴繁红. 西门子 S7-1200 PLC 应用技术项目教程（第 2 版）［M］. 北京：电子工业出版社，2021.

[3] 梁亚峰. 电气控制与 PLC 应用技术（S7-1200）［M］. 北京：机械工业出版社，2023.

[4] 陈丽，程德芳. PLC 应用技术（第 2 版）［M］. 北京：机械工业出版社，2023.

[5] 孟凯，翟志永. 典型数控机床电气连接与功能调试［M］. 北京：机械工业出版社，2019.

[6] 韩鸿鸾. 数控机床电气系统装调与维修一体化教程［M］. 北京：机械工业出版社，2021.

[7] 张君霞，王丽平. 电气控制与 PLC 技术（S7-1200）［M］. 北京：机械工业出版社，2021.

[8] 芮庆忠，黄诚. 西门子 S7-1200 PLC 编程及应用［M］. 北京：电子工业出版社，2020.

[9] 童克波. 变频器原理及应用技术［M］. 大连：大连理工大学出版社，2021.

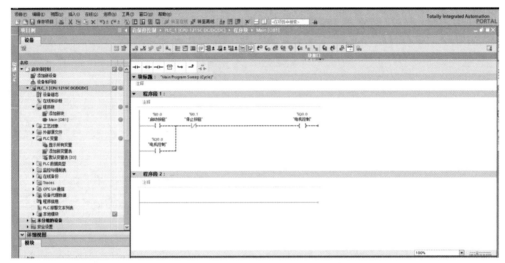

图 16-14　PLC 在线和对 PLC 程序进行在线监视显示

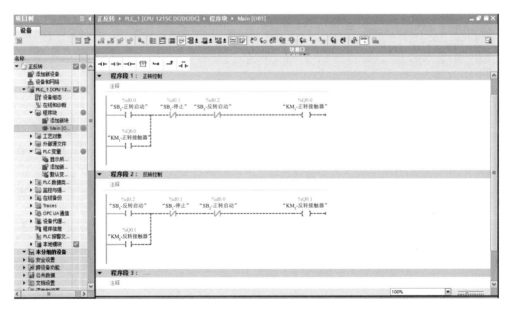

图 17-4　程序状态监视状态